棚室水果
高效栽培关键技术

王田利　杨旭　编著

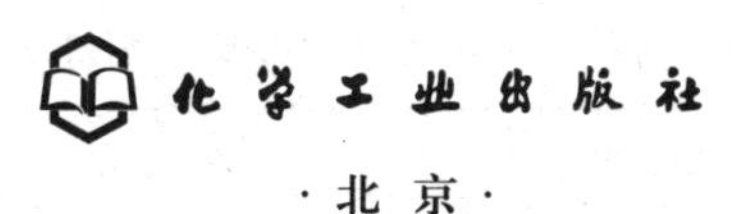

·北京·

内 容 提 要

本书首先概述了我国棚室水果栽培发生的变化、存在的问题、发展前景及对策，详细阐述了大棚、温室的建造，棚室栽培水果环境的调控，棚室水果栽培技术及应注意的事项，以及草莓、桃、杏、李、大樱桃、葡萄等12种不同水果的促成栽培技术，葡萄、枣树2种水果的延迟栽培技术，葡萄、枣、大樱桃、油桃4种水果的避雨栽培管理要点，对重点栽培水果品种编写了周年管理历和生产管理歌谣。

本书适合棚室水果栽培者、基层农技推广人员以及农业院校师生参考阅读。

图书在版编目（CIP）数据

棚室水果高效栽培关键技术/王田利，杨旭编著. —北京：化学工业出版社，2020.3

ISBN 978-7-122-36132-5

Ⅰ.①棚… Ⅱ.①王…②杨… Ⅲ.①果树园艺-温室栽培 Ⅳ.①S628.5

中国版本图书馆CIP数据核字（2020）第021899号

责任编辑：张林爽　　文字编辑：汲永臻
责任校对：王　静　　装帧设计：韩　飞

出版发行：化学工业出版社（北京市东城区青年湖南街13号　邮政编码100011）
印　　刷：北京京华铭诚工贸有限公司
装　　订：三河市振勇印装有限公司
710mm×1000mm　1/16　印张12¼　字数190千字　2020年7月北京第1版第1次印刷

购书咨询：010-64518888　　售后服务：010-64518899
网　　址：http://www.cip.com.cn
凡购买本书，如有缺损质量问题，本社销售中心负责调换。

定　　价：58.00元

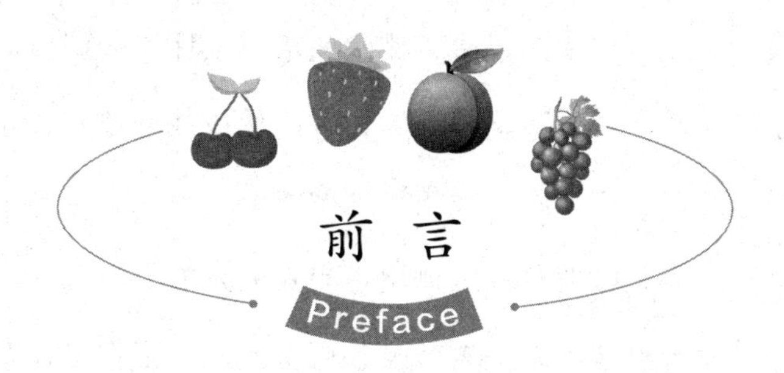

前言

Preface

棚室水果栽培是现代高效农业的重要组成部分之一，在我国发展历史短、发展迅速，目前不但广泛应用于草莓、桃、杏、李、葡萄、大樱桃、红枣等北方水果中，有效地促进了果实提早上市或延期上市，提升了生产效益，很好地克服了裂果、采前落果等影响产量、质量的现象，而且许多热带、亚热带水果如人参果、火龙果、番木瓜、枇杷等在北方温室栽培的成功，有效地拓展了水果的种植界限，极大地丰富了北方水果的种植品种。

水果的棚室栽培，极大地提高了土地利用率，一般棚室栽培水果的效益是露地的10～20倍，可显著提高土地的经营效益。同时发展棚室水果栽培，有利于促进旅游业的发展，因而棚室水果栽培在我国方兴未艾。

近年来，随着棚室水果发展规模的扩大，棚室水果的经营效益呈下降趋势，这既有失控的原因，也与栽培技术的普及不到位、管理不科学、潜力没有充分挖掘有极大的关系。

为了促进我国棚室水果栽培又好又快地发展，笔者系统地总结了我国棚室水果栽培发生的变化、存在的问题、发展前景及对策，论述了棚室的建造，棚室栽培水果环境的调控，棚室水果生产中应注意的事项，不同树种的促成栽培技术，北方主要水果的延迟栽培、避雨栽培管理要点，对重点栽培水果编写了周年管理历，以期对我国棚室水果业的发展有所帮助。

本书适合棚室水果栽培者及基层农技推广工作者、农业院校师生参考应用。

由于棚室水果栽培在不断地完善和发展，栽培技术也日新月异，而笔者阅历有限，书中的局限和不足之处在所难免，欢迎广大读者批评指正。

本书第一章至第三章由王田利编写，第四章至第七章由杨旭编写。在本书的编写过程中，王浩、王辉参与了文字录入工作，对成书发挥了一定的作用。

王田利

2020 年 1 月

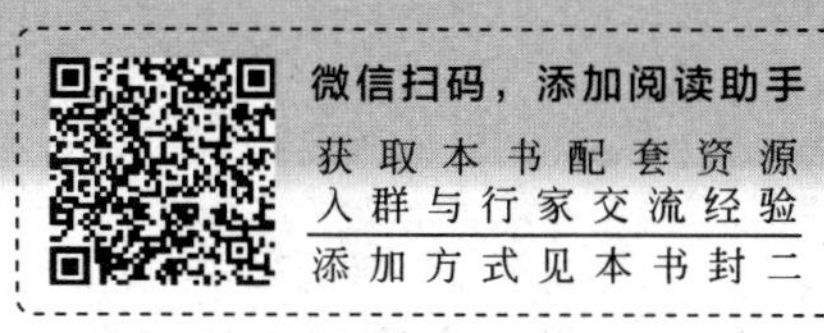

第一章　我国棚室水果栽培概况

第四章　棚室水果栽培管理

第五章　不同水果棚室促成栽培技术

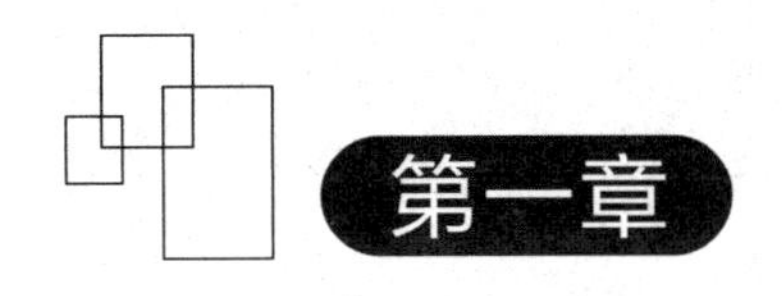

第一章 我国棚室水果栽培概况

棚室水果栽培是我国现代农业的重要组成部分，在我国栽培应用时间短、发展规模小、生产效益好。棚室水果栽培是典型的高效种植业之一，为种植区农业增效、农民增收发挥了十分积极的作用。

在20世纪80年代中期，随着石油工业的发展，我国塑料加工能力提高，棚室栽培装备条件得到有效改善，为大面积推广棚室栽培创造了条件；随着水果产业的快速发展和人们生活水平的提高，人们的消费习惯发生了很大的变化，水果的反季节栽培受到重视，草莓、葡萄、桃、杏、李、大樱桃、红枣等水果在辽宁、河北、山东等沿海地区开始应用塑料大棚或温室进行生产。棚室生产的果品在淡季上市，售价好、效益高，如采用日光温室栽培桃树，2月上旬，温室内的桃树已经盛花，4月上旬鲜桃即可上市，1亩（1亩＝666.7m^2）收入可达到5万元左右；日光温室栽培的甜樱桃最高售价曾达到300元/kg，1亩收入达到20万～30万元，是露地种植的10倍多，棚室栽培的高效性，极大地激发了群众的种植热情，这一现象引起了各级政府的高度重视，为了致富于民，科技部门将棚室园艺栽培确定为“八五”重大农业技术开发项目，解决发展资金，培训技术力量，各地以建办农业科技示范园区为抓手，大力发展棚室栽培，有力地推动了高效节能日光温室等棚室栽培在我国北方的发展。

第一节 棚室栽培水果的优点

棚室栽培水果，由于栽培环境的变化，其较露地栽培的优越性主要表现在如下几个方面。

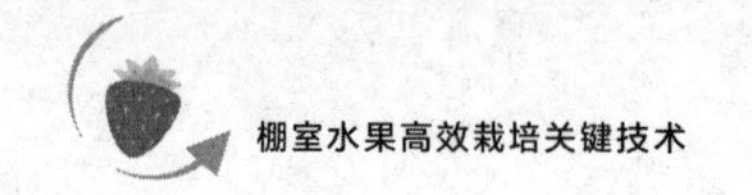

一、可克服自然条件对水果生产的不利影响

水果自然栽培时，易受多种自然灾害危害，生产风险较大，采用棚室保护栽培时，可在水果生产时有效抵抗低温、霜冻、低温冻害、干旱、干热风、冰雹等自然危害，特别是可有效克服花期霜冻，促进水果稳产。近年来，霜冻在我国北方发生频繁，常导致水果减产或绝收，利用棚室栽培水果，由于环境可人为调控，可有效避免霜冻危害，降低生产风险。

二、可拓展水果的种植范围

每种水果都只能在一定的条件下生长，自然条件下，越界种植，由于环境不适，多不能安全越冬或不能满足其生长结果的条件，不能实现有效生产。在棚室栽培条件下，可将热带或亚热带的一些珍稀水果在温带种植，为温带果品市场提供珍稀的果品，丰富北方的种植品种。如南方水果枇杷、人参果、火龙果等在我国北方已种植成功。

三、可促进果实早熟或延迟采收，有利延长产品的供应期，提高生产效益

利用棚室种植水果中的早熟品种，通过适期扣棚，可进行促成栽培，促进产品比露地提前成熟20～30天，可大幅度提高产品的售价，提升生产效益；利用棚室种植葡萄中的红地球、黑瑞尔，红枣中的苹果枣、冬枣等晚熟品种，可延长果实的采收期，促进果实完全成熟，增加果实的含糖量，提高果实品质，实现挂树保鲜，错季销售，提高售价，产品可延迟到元旦前后上市，果品售价可提高4～5倍，增效明显。

四、有利减轻裂果、鸟害等危害，提高果实品质

核果类水果中的甜樱桃、油桃及红枣、葡萄中的有些品种，在露地栽培时，成熟期遇雨，裂果现象严重，会导致果实品质降低，严重影响生产效益。在棚室栽培条件下，特别是配套滴灌棚室后，水分的供给调控能力提高，可有效减少裂果，提高果实品质。

近年来随着动物保护法的实施，生态环境的改善，鸟类数量增多，鸟类对水果生产的危害日益加重，已严重影响水果生产效益的提升，利用棚室栽

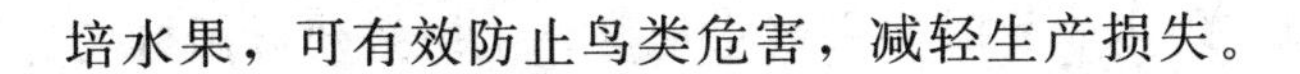

培水果，可有效防止鸟类危害，减轻生产损失。

五、有利提高土地的经营效益

棚室栽培由于规模较小，产品供不应求，生产效益好，一般棚室水果的种植效益通常是露地种植效益的10～20倍，发展棚室水果，可提高土地的经营效益。

六、发展棚室水果，有利带动旅游业的发展

棚室栽培由于栽培季节的提前，栽培水果的特异，通过棚室水果生长期开放，可为游客提供游览观光、普及农业知识、果实采摘等系列化服务，促进旅游业的发展。

棚室栽培水果因具有以上优点而引起了业界和群众的普遍关注，在20世纪90年代，其发展进入快车道，栽培范围迅速扩大，种植面积增加，特别是在陕西、甘肃、宁夏、青海、新疆等高海拔地区的发展提速，如陕西大荔、渭南、陕北，甘肃的河西、白银、天水，宁夏的中卫等沿黄灌区，青海的海南地区，新疆的哈密等地成为棚室水果栽培的重要生产基地，进入21世纪以来，随着栽培技术的日益完善，棚室水果在我国北方普及，呈现出规模化生产、专业化经营、效益化运作态势。

第二节　我国棚室水果栽培发生的变化

在短短的三四十年时间内，我国棚室水果栽培由无到有，生产规模不断扩大，生产技术不断完善，产业发生了很大的变化，概括而言，主要变化表现在以下几个方面。

一、种植模式多样化特征明显

我国棚室水果栽培以提高生产效益、解决生产中的实际问题为目标，与时俱进，种植模式呈现多样化趋势，既有以促进产品早熟，提早上市，抢占市场，提升生产效益为目的的促成栽培；也有通过延迟成熟，避免产品在成熟高峰期集中上市，实行挂树保鲜，延长产品供应期，从而提升生产效益的

延迟栽培；还有在降水较多、果实成熟时裂果严重地区，采用搭建避雨棚的方法降低裂果率，从而提高果实品质的避雨栽培；在冰雹常发地区搭建防雹网以及在鸟害严重的地区搭建防鸟网棚栽培水果，严格意义上来说均属于棚室水果栽培，因而水果的棚室栽培模式是多样的，但生产中应用最广泛、增效最明显的以促成和延迟栽培为主。

二、种植水果种类多样化，专用品种开始明朗

就棚室水果栽培的种类和品种而言，我国北方棚室栽培的水果已由刚开始试种核果类水果为主，向试种葡萄、红枣、草莓及珍稀水果和南方水果转变，如我国北方棚室水果生产中有的地区开始种植人参果、桑葚、榴莲等，这极大地丰富了棚室水果种植的种类组成。由于棚室水果栽培中对品种要求严格，要求所种的品种具有成花容易、进入结果期早、丰产性强、易管理、休眠容易、需冷量少、抗性强、对不良环境适应性好等基本条件，随着种植时间的延长以及新品种的不断培育和引进，在棚室水果生产中，栽培品种日新月异，一批棚室专用品种开始在生产中应用，如桃树品种中的春蕾、中油9号、龙丰、艳光、华光，大樱桃品种中的红灯、美早、先锋、早红宝石，葡萄品种中的乍娜、京亚、京秀、8611、8612、凤凰51、郑州早红、红双味、奥古斯特、红地球，杏品种中的金太阳、凯特、红丰、新世纪，李品种中的大石早生、早红玉等，由于专用品种适应棚室环境，极大地提升了产品的生产能力，促进了棚室水果的高效运行。

三、种植面积增加，初具规模

由于棚室水果生产效益高，提高了果农的生产积极性，从沿海的山东、辽宁、河北到内陆的新疆、青海、内蒙古、陕西、甘肃、宁夏等省份的大中城市近郊，均有棚室水果分布，且已形成规模。

四、栽培密度逐渐合理，过渡性密植成为主要种植方式

在20世纪80年代中期所栽植的棚室水果密度普遍偏大，极易导致果园郁闭，种植低效，以后采用栽密挖稀的过渡密植方式，逐步克服了上述不足之处，即在建园时，采用高密度栽植，结果后，采取移栽或挖除多余株，进行改造，以保证园内有良好的通透性，这样有效地解决了前期光合覆盖率

低、产量上升慢的难题，同时也有利于水果在棚室内持续生产。目前核果类水果，大多采用 2m×3m 的株行距栽植，结果后，枝量多的情况下，采用隔株挖除或移植的方法，改造成 4m×3m 的株行距。

五、营养钵育苗、大苗移栽方法的应用，有利促进早投产

棚室栽培水果投资大，栽后早投产、早受益是主要生产目标之一，也是长期困扰生产的难题之一，近年来随着营养钵育苗的兴起，这一难题得到了有效解决，用营养钵先在棚外集中培育苗木 2～3 年，当苗木初步形成花芽后，移栽到棚室内，可实现棚室水果当年栽植、当年投产、当年受益。

六、环境调控的智能自动化程度提高

随着电脑在农业生产中的应用越来越广泛，棚室水果生产中智能自动化程度逐渐提高，无论棚室内温湿度的调控，还是保温被的升降，均可自动化进行，这样不仅大大降低了劳动强度，提高了生产效率，更重要的是提高了调控的精准性。

七、肥水管理水平提高

以往棚室水果栽培中肥水管理多凭经验进行，费工费时，而膜下滴灌、肥水一体化、配方施肥等先进肥水管理技术的应用，大大提高了肥水的利用率，有利于树势的稳定，对于早果丰产有很好的促进作用。

八、应用综合措施防治病虫害，对化学药剂的依赖减轻

长期以来，水果生产中的病虫害防治主要依赖化学农药，水果进行棚室栽培时，由于环境密闭，给病虫害防治提供了新的可能，生产中通过地面覆盖地膜增温控湿，树体悬挂糖醋液、性诱剂、粘虫板等物理、生物措施及应用烟雾剂熏蒸为主的化学防治方法，有效地控制了病虫害，减轻了生产损失。

九、树体调控的科学性提高

棚室栽培空间有限，对于树体的控制要求严格，生产中通过采果后修剪调控和应用生长调节剂多效唑喷施相结合的方法，以控制新梢的生长，促进

成花，为下一季生产打好基础。

十、生产效益合理化

在20世纪90年代以前，由于棚室水果生产规模小，所产的果品远远不能满足市场需要，棚室水果生产效益非常好。在进入21世纪后，随着棚室水果种植规模的扩张，所产果品的数量增加，棚室水果的售价实现了理性回归。

第三节　目前我国棚室水果生产中存在的问题

我国棚室水果栽培在短短的三四十年时间内，取得了可喜的成绩，已成为重要的生产方式之一，但生产中也存在不少问题，制约着产业的进一步发展，主要表现在以下几个方面。

一、分布比较零散，布局不太合理

由于棚室栽培投资大，在我国分布多比较零散，发展时大多以政府投资为主导，生产基地规模多在百亩以下，小生产与大市场的矛盾十分突出，生产规模小，严重影响产品的商品化；另外棚室水果多以时令性水果为主，产品多不耐储，发展应以城郊为主，但城郊农民大多生财有道，从事农业生产的不多，加之城镇化进程的加快，城郊土地面临随时被征用的可能，大多数农民不愿修建栽培棚室，因而棚室水果栽培地点均离城有一定的距离，这样的现状，很不利于产业的发展。

二、种植技术水平低，管理不到位

由于棚室栽培水果的效益高，多地发展棚室水果栽培时存在盲目发展现象，种植者既无水果种植经验，也无大棚或温室栽培经验，直接由种粮转向种植棚室水果，隔行如隔山，因此导致种植品种选择不当，授粉品种配置不足，栽植密度过大，果园郁闭现象严重，温湿度调控不当，生长调节剂应用不合理，肥水管理不科学，树体整形不规范、修剪不到位，病虫害防治不及时，自然灾害抵御能力低下等现象比比皆是，严重影响产业效益的提高。

三、低产劣质现象突出

由于棚室栽培水果时，生长期多处于冬春季，日照短，光线弱，加之棚室栽培棚膜对光的过滤，光照远远不能满足水果的生长需要。棚室栽培水果时，水果生长在相对密闭条件下，通风不良，湿度较高，蒸腾作用下降，矿物质营养的吸收与运输减少，对水果内部生化过程和物质合成影响较大。环境中二氧化碳得不到及时补充，在高温高湿的情况下有利于枝叶生长，尤其在弱光、低二氧化碳状态下，树体虚旺徒长，光合产物少，多表现叶大而薄，叶色浅，败育花多，坐果不良。

另外，在露地生长阶段的管理也直接影响果品产量和质量，一般生产中多比较重视棚室内的管理，对露地生长阶段的管理重视不够，而露地栽培管理直接影响果树内部养分的储备、花芽的分化形成及树体结构的优劣，进而影响翌年棚室栽培的产能。结果对树体营养消耗较大，果实采收后，果树进入旺盛生长期，易出现无效徒长枝条，如管理不当，会导致树冠郁闭，不利花芽形成，树体积累养分少，翌年产量很难提高。

棚室水果栽培时，产量难以提高，为了保证产量，生产中疏花疏果多做不到位，导致果实整体质量下降。为了提早上市，存在滥用激素催熟现象，通过喷用乙烯利的方法，以实现提前采收，这样会导致果实风味、甜度及着色严重不良。

棚室水果栽培时，由于环境湿度较大，有的树种如油桃、大樱桃、葡萄等易发生裂果现象，降低其商品性，不利生产效益的提高。

四、产销严重脱节，对产业的持续发展影响较大

我国目前农业生产以户为经营单位，而面对的是全国的销售大市场，果农生产规模小，产品自主入市能力低，果品销售对客商依赖程度高，直接影响果农的经营收入，对产业的持续发展非常不利。

五、自然灾害频发，经营风险较大

冬春季风、雪、低温、阴雨、寒潮等天气多发，棚室水果栽培应对能力较弱，极易导致减产，甚至绝收，灾害的不确定性，导致棚室水果种植风险增大，严重制约了棚室水果的发展。

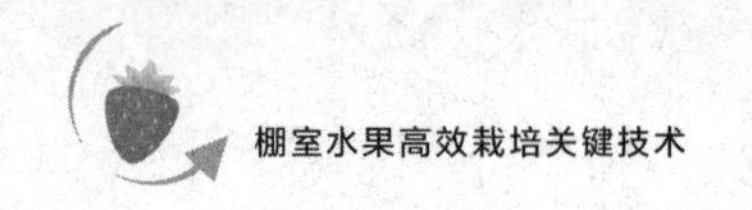

第四节　发展前景及对策

一、发展前景

棚室栽培水果，作为高效种植业在我国东北、华北一带已很普及，亩经济效益高达露地的十多倍，而西北发展相对较缓慢。从长远看，我国棚室栽培水果，产品远远不能满足消费需要，仍有较大的发展空间。由于棚室水果栽培投资大，我国农村农民投资能力有限，其发展不会过快，但其高效性在今后若干年内是不可替代的，因而仍是农业中的朝阳产业，会保持强劲的发展势头。西北地区如甘肃在发展棚室水果方面有着巨大的潜力，主要表现在以下几点。

1. 核果类水果品种资源丰富

就目前棚室水果栽培情况而言，主要树种集中在核果类、葡萄、草莓等时令性水果，而甘肃是桃、杏、李、樱桃的原产地之一，也是葡萄最早引入我国的途经地，域内有丰富的品种资源，进行棚室水果栽培有资源优势，通过棚室栽培，可开发品种资源潜力。

2. 栽培有一定的技术基础

由于甘肃种植核果类水果及葡萄等树种时间长，已积累了丰富的技术经验，加上新技术的应用、保护地水果栽培的普及、保护地生产经验的掌握，棚室种植水果可有效提升经济效益。

3. 土地资源丰富

甘肃地貌复杂，山、川、塬并存，进行棚室栽培，可供选择的土地资源类型多，土地资源有保障。

4. 劳动力资源丰富

甘肃工业欠发达，农业是主导产业，农村剩余劳动力充足，进行棚室栽培，有充足的劳动力资源作保障。

5. 环境优越

甘肃海拔较高，地理环境优越，光照充足，是棚室水果栽培的最佳区，有利于进行水果保护地生产。

6. 市场广阔

多年来，甘肃的时令性水果主要靠从外地调入，售价较高。如果能就地生产出果品，既有价格优势，市场也很广阔。

发展棚室水果栽培，是培育果业经济新增长点的主要途径之一，应加快棚室水果的发展，促进产业高效发展，为域内经济振兴助力。

二、发展对策

根据我国目前棚室发展现状，在今后发展中，应重点抓好以下关键措施的落实，促进产业健康发展。

1. 加强农业科技示范园区建设，促进棚室水果快速发展

可通过政府倡导，加快项目区土地流转，实现集约化经营，通过发展棚室水果合作社，抱团发展，以提高应对市场变化的能力。

2. 采取综合措施，提高棚室水果管理水平

（1）加强培训，普及棚室水果管理知识　棚室水果栽培较独特，既要了解栽植水果的生长特征，又要熟悉温室的管理技能，“人马未动，粮草先行”，在准备发展棚室水果的地区，应切实抓好种植者的技能培训，让种植者对所栽植的水果及棚室管理知识有全面的了解，以利后期管理棚室水果。

（2）科学谋划，合理选择种植品种，规范建园，科学管理，以提高棚室水果的产能及果实品质　生产中一定要注意选择适宜棚室栽培的品种，并立足当地实际，充分考虑果品的销路，参考种植成功地区的经验，保证所选的品种既能适应棚室栽培的特点，又具有很好的市场适应性。

建果园时要统筹考虑当前和长远利益，要足量配置好授粉树，为提高坐果率打好基础。栽植密度要适宜，既要保证早收益，又要保证产业可持续发展，不要栽得过密或过稀，要根据各树种的特性，注意适度密植，进入结果期后，园内出现郁闭现象时要及时间伐，保证园内的通透性。

要加强栽培期全程树体管理，在露地生长阶段，采用抑前促后的管理法，以实现促花和控冠的目的。生长前期多施肥水，以促进枝条和光合面积的形成；后期喷用多效唑，控制肥水，缓和长势，促进成花。夏季注意抹芽除萌，控制枝量。扣棚后，先满足水果需冷量，再升温，以保证萌芽整齐，为良好坐果创造条件。在有棚期要加强环境的管控，创造适宜水果生长的环境条件，要突出改善光照，控制棚内湿度，补充二氧化碳，分段控温，冬季要加强防寒等工作。棚室栽培中，白天由于受太阳照射，棚室内温度升高很快，中午前后可升到30～40℃，晚上由于热量辐射，可使棚室内的温度降到接近大田温度，昼夜温差过大，不仅不适合水果生长、结果，而且还会使水果受到高温和低温伤害，因而棚室温度的调节直接关系到种植的成败。根据不同水果的生长需要，合理调控好环境的温度，以保证生产的顺利进行；花期严控温湿度，叶面喷施硼肥、赤霉素，实行人工辅助授粉，对旺长新梢摘心，疏除无效花枝，以控制枝叶旺长，提高坐果率。在坐果后，要适当进行疏花疏果，以提高果实品质。在果实生长期，要适时追肥，补充营养，棚室水果追肥时应坚持平衡施肥、少量多次进行的原则，施肥后要适当浇水，实现肥水同补，有条件的应尽可能采用滴灌施肥法，以充分发挥肥效。棚室栽培水果要注意均衡供水，防止水分供给忽高忽低引发裂果现象，每次灌水量不宜太大，以防降低地温，增大环境湿度，降低果实风味。果实采收后，要及时施用基肥，补充树体结果所消耗的营养。棚室栽培水果时基肥施用要以有机肥为主，适当辅以化学肥料，不但可提高养分的供给能力，还能提高棚室内二氧化碳的浓度，有利提高产量和品质。

3. 增强防灾意识，降低经营风险

要密切关注天气状况，生产中要把防灾工作放在首位。从建设棚室开始，防灾意识贯穿于生产的各个环节。建设棚室时要注意结构须牢固，在安装棚室时要有配置的增温、增光棚室，以应对可能出现的灾害性天气，降低生产损失。

4. 拓展棚室栽培功能，全力抓好果品流通

棚室栽培水果，在我国大部分地区为新生事物，要在“新”上下功夫、做文章。要以棚室水果为依托，大力发展观光采摘果园，以实现产地直销，提升效益；可利用网络销售平台，采用电商新模式，扩大产品的销量；有能力的农户可在城区开档，进行直销，这是最有效的对接市场方式，在我国果产区果农广泛使用，在棚室栽培区可借鉴；要创造良好的营销氛围，吸引客商经销果品，要以双赢为目的，适时适价销售果品，实现果品变现。

第二章 棚室水果栽培的方式及棚室建造

第一节　棚室水果栽培的方式

现阶段，我国棚室水果栽培主要有大棚种植和温室种植两种方式，由于保护效果不一样，它们的投资大小、生产方式、种植效益是不同的。

一、大棚种植

塑料大棚也称春秋棚或冷棚，主要用于早春水果保护栽培。按照架材的不同，塑料大棚又可分为全钢架塑料大棚和钢竹塑料大棚两类。一般投资较少，由于多不用保温棉帘，仅覆盖棚膜起保护作用，通常上棚膜较迟，促成栽培中果实成熟较迟，果实售价相对较低，生产效益高于露地，但低于日光温室。

二、日光温室种植

日光温室是有墙体的保护栽培棚室，保温效果较大棚好，进行水果生产时，产品上市更早，效益更好。这是现阶段我国棚室水果种植的主要方式，由于在棚膜之上，盖有草帘或棉帘等保温材料，环境的调控能力提高，一般上棚膜较早，通常保温效果好的棚可在 11 月扣棚，保温效果较次的也可在 12 月底到次年元月扣棚，促成栽培的果实成熟较早，果实售价较高，是棚室种植中效益最好的种植方式。目前生产中应用的日光温室主要有土墙有立柱通用型日光温室和砖墙无立柱通用型日光温室两种。

第二节　水果棚室栽培时的设施建造

一、大棚的建造

塑料大棚方位以南北方向延长为宜，春秋季节大风地区必须顺风向延长，使大棚端面受风设置。棚群对称式排列，两棚间距不小于1.5m，棚头间距不小于4m，为果实运输、排水、通风等作业创造方便条件。

1. 全钢架塑料大棚建造技术

全钢架塑料大棚（图2-1）的建造长度可依地块而定，以40～60m为宜（标准单座塑料大棚长度为40m）。跨度以8.5m为佳，单拱结构即可满足设计需要，2根6m长的标准钢管刚好可以焊接成一副拱架。各地可根据地形及经济能力适当调整，如跨度小，则相对投入成本高，钢材材料浪费较大；如跨度大，需另加立柱，或做桁架结构，则直接材料投入增大。栽培大樱桃的大棚，肩高可以提高至1.6～1.8m，同时需在拱杆腿部和拱面处加装斜撑杆，以提高大棚的承载能力。钢架塑料大棚脊高一般在2.7～3.3m。8.5m跨度大棚脊、肩垂直高差以1.9m为宜。一是形成的拱面对太阳光反射少、透光率高。二是能充分使用钢管的力学性能，最大化地利用拱杆的抗拉、承压性能。三是解决了棚面过平导致“滴水”造成“打伤作物”的问题。相邻两道拱杆之间的水平距离，一般为0.8～1m，避风或风力不超过6级的地区，拱间距应不大于1m。在风力较大的地区拱杆间距应不大于0.8m。

图2-1　全钢架塑料大棚

（1）建造材料要求

① 拱架及拉杆、斜撑杆。拱架选用热镀锌全钢单拱结构，拱架、横拉杆、斜撑杆均选用 *DN*20mm 钢管（外径 26.9mm，壁厚 2.8mm）。

② 基础材料。选用 C20 混凝土。

③ 棚膜。首选乙烯-醋酸乙烯（EVA）薄膜，也可选用聚乙烯（PE）或聚氯乙烯（PVC）膜，厚度 0.08mm 以上，透光率 90%以上，使用寿命 1 年以上。

④ 固膜卡槽。选用热镀锌固膜卡槽（有条件的也可采用铝合金固膜卡槽），镀锌量≥80g/m^2，宽度 28～30mm，钢材厚度 0.7mm，长度 4～6m。

⑤ 卷膜系统。在大棚两侧底部安装手动或电动卷膜系统。

⑥ 防虫网。选择幅宽 1m 的 40 目尼龙防虫网，安装于两侧底通风口。

⑦ 压膜线。采用高强度压膜线（内部添加高弹尼龙丝、聚丙丝线或钢丝），抗拉性好，抗老化能力强，对棚膜的压力均匀。

（2）建造技术

① 基础施工。确定好建设地点后，用水平仪材料测量地块高低，将最高点一角定位为±0.000，平整场地，确定大棚四周轴线。沿大棚四周以轴线为中心平整出宽 50cm、深 10cm 基槽。夯实找平，按拱杆间距垂直取洞，洞深 45cm，待拱架调整到位后插入拱杆。拱架全部安装完毕，调整均匀、水平后，每个拱架下端做 0.2m×0.2m×0.2m 独立混凝土基础，也可做成 0.2m 宽、0.2m 高的条形基础；混凝土基础上每隔 2m 预埋压膜线挂钩。

② 拱架施工。拱架采用工厂加工或现场加工，塑料大棚生产厂商生产设备专业，生产出的大棚拱架弧形及尺寸一致；若现场加工，需在地面放样，根据放样的弧形加工。

③ 拱杆连接。在材料堆放地点就近找出 10m×20m 水平场地一块，水平对称放置 2 个拱杆，中间插入拱杆连接件，用螺钉连接。

④ 拱杆安装。将连接好的拱杆沿根部画 40cm 标记线，两人同时均匀用力，自然取拱度，插入基础洞中，40cm 标记线与洞口平齐。拱杆间距0.8～1m，春秋季节大风天气较多地区拱杆间距取下限，风力较小地区拱杆间距取上限。

⑤ 横拉杆安装。全部拱杆安装到位后，用端头卡及弹簧卡连接顶部一

道横拉杆。横拉杆连接完成后，进行第一次拱架调整，达到顶部及腰部平直。第一次调整后，安装第二道横拉杆，完成后再进行调整；依次安装第三道横拉杆。春秋季节大风天气较多地区横拉杆需装5道，横拉杆安装完成后，主体拱架应定型。

如果整体平整度目测有变形，应多次进行调整，局部变形较大应重新拆装，直到达到安装要求。

⑥ 斜撑杆安装。拱架调整好后，在大棚两端将两侧3个拱架分别用斜撑杆连接起来，防止拱架受力后向一侧倾倒。

⑦ 棚门安装。大棚两端安装棚门作为出入通道和用于通风，规格为1.8m×1.8m。

⑧ 覆盖棚膜。准备上膜前要细心检查拱架和卡槽的平整度。薄膜幅宽不足时需粘合。粘合时可用粘膜机或电熨斗进行，一般PVC膜粘合温度130℃，EVA膜及PE膜粘合温度110℃，接缝宽4cm。粘合前须分清膜的正反面。粘接要均匀，接缝要牢固而平展。需提前裁剪好裙膜，宽度60cm。上膜要在无风的晴天中午进行。上膜时应分清棚膜正反面，将大块薄膜铺展在大棚上，将膜拉展绷紧，依次固定于纵向卡槽内，在底通风口上沿卡槽固定；两端棚膜卡在两端面的卡槽内，下端埋于土中。棚膜宽度与拱架弧长相同，棚膜长度应大于棚长7m，以覆盖两端。

⑨ 通风口安装。通风口设在拱架两侧底脚处，宽度0.8m。底通风口采用上膜压下膜扒缝通风方式。选用卷膜器通风口时，卷膜器安装在大块膜的下端，向上摇动卷轴通风。用卷膜器时，用卡箍将棚膜下端固定于卷轴上，每隔0.8m卡一个卡箍，摇动卷膜器摇把，可直接卷放通风口。大棚两侧底通风口下卡槽内安装40cm宽的挡风膜。

⑩ 覆盖防虫网。在大棚两侧底脚通风口及棚门位置安装。底通风口防虫网安装：截取与大棚室等长的防虫网，宽度1m，防虫网上下两边固定于卡槽内，两端固定在大棚两端卡槽上。

⑪ 绑压膜线。棚膜及通风口安装好后，用压膜线压紧棚膜，压膜线间距2～3m，固定在混凝土基础预埋挂钩上。

2. 钢竹塑料大棚（图2-2）**建造技术**

塑料大棚方位以南北方向延长为宜，春秋季节大风地区必须顺风向延长，使大棚端面受风。棚群对称式排列，两棚间距不小于1.5m，棚头间距

图 2-2 钢竹塑料大棚

不小于 4m，为运苗、排水、通风等作业创造方便条件。钢竹塑料大棚长度以 40～60m 为佳（标准单座塑料大棚长度为 40m）。跨度以 8.5m 为佳，2 根 6m 长的标准钢管刚好可以焊接成一副拱架。各地可根据地形适当调整跨度，控制在 6～10m，但是如跨度过小，则相对投入成本过高，钢材材料浪费较大，如跨度超过 9m，需增设中立柱。肩高一般设计为 0.8～1.2m，脊高 2.6～3.2m，随跨度增加而增加。主拱架间距 3m，副拱架间距 0.6m。

（1）建造材料要求

① 拱架。分主拱架和副拱架，主拱架采用桁架结构，上弦杆选用 *DN*20mm 钢管，下弦杆采用 ϕ12mm 钢筋，腹杆选用 ϕ10mm 钢筋，主拱架间距 3m。副拱架采用竹竿或竹片，间距 0.6m。横拉杆选用 *DN*20mm 钢管，共 3～5 道。

② 基础。主拱架、立柱基础选用 C20 混凝土。

③ 棚膜。选用乙烯-醋酸乙烯（EVA）或聚乙烯（PE）膜。单层塑料薄膜，厚度 0.08mm 以上，透光率 90%以上，使用寿命 1 年以上。单层无滴长寿薄膜，厚度 0.1mm 以上，透光率 90%以上，使用寿命 2 年以上。

④ 铁丝。大棚内横向每隔 70cm 拉一道直径 3.5mm 镀锌铁丝。

⑤ 固膜卡槽。选用热镀锌固膜卡槽（有条件也可采用铝合金固膜卡槽），镀锌量≥80g/m²，宽度 28～30mm，钢材厚度 0.7mm，长度 4～6m。

⑥ 卷膜系统。可以在大棚顶部和两侧底部安装手动或电动卷膜系统。在大棚顶部设置通风口调节棚内温度、湿度的效果更快、更好，但雨水较多的地区不太适宜，雨水较多的地区宜采用两侧底通风方式。

⑦ 防虫网。选择幅宽 1m 的 40 目尼龙防虫网，安装于两侧底通风口。

⑧ 压膜线。采用高强度压膜线（内部添加高弹尼龙丝、聚丙丝线或钢丝），抗拉性好，抗老化能力强，对棚膜的压力均匀。

⑨ 立柱。跨度 8.5m 以下塑料大棚不设立柱，跨度 9m 以上塑料大棚必须在主拱架下加设立柱，立柱可采用 *DN*40mm 钢管（外径 48.3mm，壁厚 3.5mm，长度大于脊高 15cm）或 C20 水泥预制件（截面尺寸 14cm×14cm，长度大于脊高 30cm，内嵌 4 根 ϕ6mm 钢筋）。

（2）建造技术

① 山墙施工。风力较大地区宜在大棚的两端构筑山墙，可用黏土砖墙（厚度 37cm 以上）或土墙（厚度 80cm 以上），山墙顶部做成和棚面一样的弧度。若大棚两侧不构筑山墙，在大棚两侧需增加支撑杆，用于固定和支撑棚面横拉铁丝。

② 基础施工。确定好建设地点后，用水平仪材料测量地块高程，将最高点一角定位为±0.000，平整场地，确定大棚四周轴线。沿大棚四周以轴线为中心平整出宽 50cm、深 10cm 基槽。夯实找平，按主拱杆间距垂直取洞，洞深 45cm，待主拱架调整到位后插入主拱架。主拱架全部调整均匀水平后，每个主拱架下端做宽 0.25m、长 0.25m、深 0.3m 的独立混凝土基础。每个主拱架独立混凝土基础上预埋压膜线挂钩。

需架设钢管立柱的大棚，在大棚纵向中线位置制作 0.25m×0.25m×0.3m 的独立混凝土基础，基部土壤夯实，间距 3m，独立基础上表面必须在同一水平面上，中心位置预留深 0.15m、直径 5cm 的洞，安装立柱时用于插入立柱；水泥预制件立柱下端须有 0.25m×0.25m×0.3m 的混凝土底座，底座上表面在地表水平面下 30cm 处，底座下用三合土夯实。

③ 立柱安装。架设立柱时，将立柱下端固定在基础或底座上，立柱顶端需调整在同一水平面上，顶端架设横拉杆，调整高度水平一致。

④ 拱架施工。主拱架采用工厂加工或现场加工，若现场加工，需在地面放样，根据放样的弧形加工。主拱架采用平面桁架结构，上弦杆选用 *DN*20mm 钢管，下弦杆采用 ϕ12mm 钢筋，腹杆选用 ϕ10mm 钢筋，上弦

杆与下弦杆间距 15cm。

⑤ 拱杆安装。将加工好的主拱杆沿根部画 40cm 标记线，插入已取好的洞中，40cm 标记线与洞口平齐。

⑥ 横拉杆安装。全部主拱杆安装到位后，用端头卡及弹簧卡连接顶部一道横拉杆。横拉杆连接完成后，进行第一次拱架调整，达到顶部及腰部平直。第一次调整后，安装第二道横拉杆，完成后再进行调整；依次安装第三道及其他横拉杆，春秋季节大风天气较多地区横拉杆需装 5 道。横拉杆安装完成后，主体拱架应定型。如果整体平整度目测有变形，应多次进行调整，局部变形较大应重新拆装，直到达到安装要求。

⑦ 拉横向铅丝。拱架上每隔 70cm 拉一道 ϕ10mm 铅丝，铅丝拉紧后两头固定于棚头外的地锚上，铅丝和主拱架之间用扎丝绑紧。

⑧ 绑竹竿或竹片。竹竿或竹片下端插入土中，用扎丝绑在铅丝和横拉杆上，每隔 60cm 绑一道竹竿或竹片，竹竿两头对绑。

⑨ 固定卡槽。将 5 道卡槽安装于棚面上，用于固定棚膜。

⑩ 棚门安装。有山墙的大棚在墙上掏挖宽 1.8m、高 1.8m 的门洞，并安装棚门。没有山墙的大棚可在断面固定 2 根 *DN*20mm 钢管作为门框，钢管顶端与主拱架连接，下端固定在 C20 混凝土基础上，棚门宽 1.8m、高 1.8m。

⑪ 覆盖棚膜。上膜前要细心检查拱架和卡槽的平整度，准备好上膜工具。薄膜幅宽不足时需粘合。粘合时可用粘膜机或电熨斗进行，一般 PVC 膜粘合温度 130℃，EVA 膜及 PE 膜粘合温度 110℃，接缝宽 4cm。粘合前须分清膜的正反面。粘接要均匀，接缝要牢固而平展。需提前裁剪好通风窗棚膜，扒缝通风时，裁剪棚膜的宽度大于通风窗 40～50cm；采用卷膜器通风时，裁剪棚膜的宽度大于通风窗 60～70cm。

上膜要在无风的晴天中午进行。上膜时应分清棚膜正反面，将大块薄膜铺展在大棚上，将膜拉展绷紧，依次固定于纵向卡槽内，在底通风口上沿卡槽固定；两端棚膜卡在两端面的卡槽内，下端埋于土中。棚膜宽度与拱架弧长相同，棚膜长度应大于棚长 7m，以覆盖两端。

⑫ 通风口安装。通风口设在拱架两侧底角处，宽度 0.8m。底通风口采用上膜压下膜扒缝通风方式。选用卷膜器通风口时，卷膜器安装在大块膜的下端，向上摇动卷轴通风。用卷膜器时，用卡箍将棚膜下端固定于卷轴上，

每隔 0.8m 卡一个卡箍，摇动卷膜器摇把，可直接卷放通风口。大棚两侧底通风口下卡槽内安装 40cm 宽的挡风膜。

⑬ 覆盖防虫网。在大棚两侧底脚通风口及门的位置安装。底通风口安装截取与大棚室等长的防虫网，宽度 1m，防虫网上下两边固定于卡槽内，两端固定在大棚两端卡槽上。

⑭ 绑压膜线。棚膜及通风口安装好后，用压膜线压紧棚膜，压膜线间距 3m，固定在主拱架混凝土基础预埋挂钩上。

二、日光温室的建造

生产水果的日光温室要有良好的采光性、保温性和整体抗压性，要求建成后前屋面底角在 68°～75°之间，温室初始透光率在 80%以上，栽培期透光率在 60%以上。扣棚后温室内白天温度在 20～25℃之间，夜间温度应维持在 7～10℃之间，冬季室内最低温度应在 5℃以上。每平方米荷载应达到 200kg。

在建造温室时，应选择东、西、南三面开阔，无高大建筑物、树干、山冈遮阴，地势高燥，靠近水源的地段修建，温室应坐北朝南，东西延长，相邻两栋温室间距在 8m 以上，左右间距在 3m 以上，温室的跨度在 8～10m 之间，脊高 3.9～4.6m，采光屋面 5°～10°，后屋面长 1.2～2m，后屋面仰角 38°～42°，温室长度 60～80m，墙体厚度应大于当地冻土层 50cm，土墙基部厚度 1.4～1.7m，顶部厚度 1～1.2m，砖包土墙厚度 1.5～1.6m，在温室的东侧或西侧应修建缓冲间或工作间。

1. 土墙立柱通用型日光温室（图 2-3）**建造技术**

(1) 建材要求

① 骨架材料。采光屋面的骨架材料有主拱架、副拱架、冷拔丝、铁丝，后屋面的骨架材料有立柱、檩条、冷拔丝。

② 骨架。采用钢竹结构时，8m 跨度温室主骨架选用 *DN*40mm 钢管，温室跨度大于 9m 时，主骨架采用平面桁架结构，上弦选用 *DN*40mm 钢管，下弦选用 ϕ12mm 钢筋，腹杆选用 ϕ10mm 钢筋，主钢骨架间距 3.6m 一个；副骨架选用竹竿，基部直径 2cm 以上，长度 4.5m 以上，间距 0.6m 一道，温室横向每隔 0.4m 拉 ϕ8mm 冷拔丝。

采用全钢结构时，采用平面桁架，骨架上弦选用 *DN*20mm 钢管，骨架

图 2-3　土墙立柱通用型日光温室

下弦选用 ϕ12mm 钢筋，腹杆选用 ϕ10mm 钢筋，桁架间距 1m，温室纵向拉三道 DN20mm 钢管作为拉杆，分别距骨架一端 2m、4m、6m。

③ 立柱、檩条和底座。立柱可采用钢管或水泥预制件，立柱长 3.8m，立柱间距 1.8m。钢管规格为 DN40mm。选用 C20 混凝土预制立柱时，长、宽、高尺寸分别为 15cm、12cm、380cm，内嵌 4 根 ϕ8mm 钢筋。

檩条可采用钢管、水泥预制件或圆木，檩条长 2.8m，钢管规格为 DN40mm。选用圆木时，直径 15cm 以上，不可选用朽木。选用 C20 混凝土预制檩条时，长、宽、高尺寸分别为 15cm、12cm、280cm，内嵌 5 根 ϕ8mm 钢筋。

用钢管做立柱和檩条时，用水泥预制底座，下面可安放垫石支撑。

④ 横梁。采用钢管，钢管规格型号与立柱相同，长度与温室的整体长度（包山墙）相等。

⑤ 纵向角铁架。在屋脊处，用于连接前后屋面骨架，长度与温室的整体长度（包山墙）相等。

⑥ 铁丝。山墙外侧固定地锚预埋直径 4mm 镀锌铁丝。前、后屋面纵向拉直径 2.8mm 镀锌铁丝，前屋面铁丝间距 40cm，后屋面铁丝间距 20cm，屋脊处拉成双股。

捆扎丝用直径 2mm 镀锌铁丝。

撑膜竹竿采用直径 1mm 镀锌铁丝固定。

⑦ 墙体材料。墙体选用干打垒土墙，把土填入两块木板或木椽之间夯实完成。为避免盐碱及水浸坍塌，墙基用三合土夯实 50cm，也可加少许碎麦秸或沙子、炉渣等，既增加强度，又减少干裂。有条件的地区墙基也可用砖石砌成。

⑧ 温室屋面透明覆盖材料。日光温室前屋面的透明覆盖材料最好用 EVA 高保温日光温室专用膜，厚度 0.12mm。该材料是农业部推荐的高效节能日光温室专用膜，透光率比 PVC 无滴膜和 PE 无滴膜高 15%～20%，用其覆盖温室，室内温度比用 PE 无滴膜高 2～4℃，比用 PVC 无滴膜高 1.5～2℃。

⑨ 保温覆盖材料。日光温室保温覆盖材料通常采用草帘或保温被。草帘长 9～10m、宽 1.2～1.5m、厚 4～6cm。

保温被宽 3～4m、厚 1～3cm，重量为每平方米 1～3kg，表层应具备防水、防老化性能，芯层具备良好的保温隔热性能。

（2）建造技术

① 选地规划。建造温室时应选择地形开阔，东、西、南三面无高大树木、建筑物或山坡遮阳；地下水位低、土壤要疏松肥沃，无盐碱化和其他污染；避开风口风道、冰雹线、泄洪道等；供电、供水便利，道路通畅；周围无烟尘及有害气体污染源的地方作建温室地点。

② 施工时间。修建一般在春天开始，夏收后抓紧时间建也可以，但必须在 9 月底竣工，确保到使用时，墙体要干透。

③ 确定方位（图 2-4）。按南偏西 5°～10°放后墙线（图 2-5），垂直后墙线放边墙线。

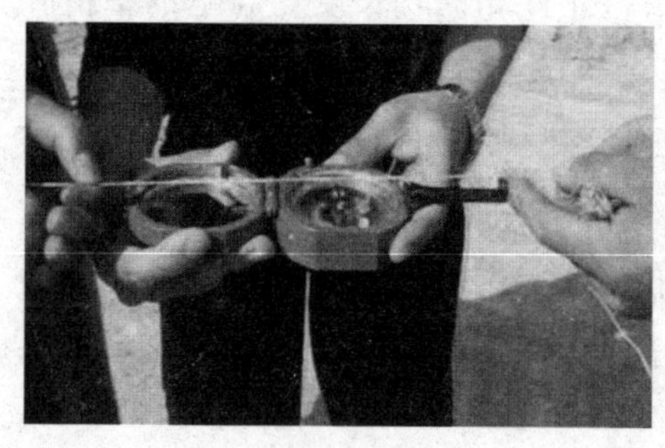

图 2-4　确定方位

图 2-5　放后墙线

④ 筑墙体（图 2-6）。按照三合土夯实基础→室内熟土南移→后墙→山墙墙体顺序进行。施工前，先将表层 30cm 耕层土壤移出，在墙体砌筑完成后回填，以利于温室作物种植。墙体应连续分层砌筑（图 2-7），无明显接缝，夯实程度一致；墙内外留 50cm 空地不取土，保护墙体。

图 2-6　筑墙体

图 2-7　分层砌筑墙体

⑤ 后屋面施工（图 2-8）。按照熟土回移→浇水踏实→埋立柱→固定檩条→拉冷拔丝→盖后屋面的程序进行。

图 2-8　后屋面施工

a. 底座埋设。底座下用三合土夯实。立柱底座在同一水平面上，骨架底座在同一水平面上。

立柱底座水平放置，中心距后墙 1m，东西向每 1.8m 一块。

主骨架底座中心距后墙内侧 8m，每 3.6m 一块。

檩条底座放置在后墙中，间距 1.8m，檩条下端顶在底座的小坑内，仰角按照参数表规定，檩条底座应在同一水平线上（图 2-9）。

图 2-9　檩条底座应在同一水平线上

用混凝土预制件做立柱和檩条时下面放置垫石。

b. 立柱和后屋面安装。立柱下端焊接在底座预埋钢筋上，上端与横梁焊接在一起。横梁与檩条在距檩条顶端 0.95m 处焊接。

檩条下端顶在檩条底座上，中部与横梁焊接，顶部与横向角铁焊接。焊接结束后，用砂纸除去金属表面的铁锈，处理好焊接点，涂两遍防锈漆。

用混凝土预制件做立柱和檩条，立柱下端埋深 0.48m，下面用三合土夯实并加垫石或底座。立柱上端顶在檩条中部距顶部 0.95m 处，并用直径 3mm 铁丝通过预留孔穿孔固定。檩条顶端通过预埋钢筋与横向角铁焊接。

c. 安装纵向铁丝（图 2-10）。先在两侧山墙顶部顺墙放置两根直径 10cm 以上、长 2m 的衬墙圆木。后屋面檩条上每隔 20cm 拉一根直径 2.8mm 镀锌铁丝，最顶端拉双股，用铁钉固定在衬墙圆木上，两端固定在山墙外侧地锚的预留铁丝环上。镀锌铁丝与檩条用直径 2.0mm 铁丝固定。

图 2-10　安装纵向铁丝

d. 后屋面填充覆盖。在铁丝上先铺一层塑料薄膜，厚度 0.1mm 以上，宽 6m 左右，膜上铺 15cm 厚的玉米秆，再填充麦草等秸秆（图 2-11）。填满后将薄膜折转包住整个填充料，上面覆土踏实，土厚 20cm，土层上再覆盖一层 5cm 厚草泥。后屋面外表面应做成前高后低 10°～15°的坡度以利于排水。在甘肃省渭河流域、泾河流域、徽成盆地和高寒阴湿区的日光温室后屋面表面应覆盖旧棚膜或防水材料。后屋面每隔 5m 安装 DN50mm PVC 排水

图 2-11　后屋面填充覆盖

管，排水管应延伸出墙体 20cm，以避免冲刷后墙。

⑥ 前屋面施工

a. 主骨架制作。按标准图等高线加工骨架，用弯管机加工主骨架，要求弯管要均匀一致。在地面先按剖面图的等高线放样，然后在放样图上焊接加工骨架。

b. 骨架安装。主骨架前端与前底座焊接，顶端和角铁焊接，将整个温室骨架全部连接在一起，增加温室的稳定性和安全性。焊接的骨架应在同一平面上，不能高低错落。

焊接结束后，用砂纸除去金属材料表面的铁锈，涂两遍防锈漆做防锈。

c. 安装纵拉铁丝。先在两侧山墙顶部放置直径 10cm 以上衬墙圆木。骨架上东西向每隔 40cm 拉一道直径 2.8mm 镀锌铁丝，出墙处用铁钉固定在衬墙圆木上，两端固定在山墙外侧地锚上的预留铁丝环上。纵拉铁丝与骨架连接处用直径 2mm 镀锌铁丝固定。

d. 固定撑膜竹竿。前屋面每隔 0.6m 设一道撑膜竹竿，上下用两根竹竿对接固定于直径 2.8mm 横拉钢丝上。竹竿下端插入土中，上端可顶在角铁上。主骨架两侧也应加小竹竿，避免棚膜与钢管直接接触发生“背板”效应。竹竿与铁丝的连接处用布带或直径 1mm 铁丝固定，使整个棚面连接为整体，形成承载力大、弹性好、遮光少的整体网状结构。

e. 通风窗设置。采用扒缝或卷膜器通风，顶通风窗宽 1～1.5m，底通风窗宽 0.6～1m，长度和温室等长。通风口安装 40 目防虫网。温室长度在 60m 以内时，卷膜器卷轴采用 *DN*15mm 镀锌钢管，壁厚 2.75mm；温室长 60m 以上时，卷膜器卷轴采用 *DN*20mm 镀锌钢管，壁厚 2.8mm。

f. 防寒沟施工（图 2-12）。在距温室前沿 10cm 处挖宽 20cm、深 50cm 的防寒沟，沟挖好后直接埋入厚 8cm、宽 50cm 的聚苯乙烯泡沫板作为防寒沟隔热材料。也可在距温室前沿 10cm 处挖宽 40cm、深 50cm 的防寒沟，沟挖好后先铺一层塑料薄膜，再填充麦草或秸秆，将填充物用塑料薄膜包严，压土，以免进水。防寒沟上面留有 10cm 土台。

图 2-12 修防寒沟

g. 建造蓄水池（图 2-13）。水池为地下式，边沿高出地平 20cm，建在温室内靠近水源一侧，距山墙 50cm。水池长 5m、宽 2m、深 2.5m、容积 25m^3，中间用 12 砖墙或 10cm 混凝土隔墙隔开，隔墙底部距池底 15cm 处留 1 个直径 5～8cm 的过水孔。

h. 修建缓冲间（图 2-14）。在日光温室出入门的外侧修建缓冲间，温室出入门与缓冲间门的方向要错开，以免寒风直接吹入温室。缓冲间为土木结构，长 2.5～3m，宽 2～3m，高 2.5m 左右，一般南侧开门，与外界相通。温室出入门应设置在山墙上，宽 0.8～1m，高 1.6～1.9m，与温室内走道相通。

图 2-13　建造蓄水池

图 2-14　修建缓冲间

⑦ 覆膜。按照裁棚膜（图 2-15）→粘合固定带（图 2-16）→覆盖棚膜（图 2-17）→固定棚膜→上风帘→拉压膜带的顺序进行。

⑧ 上草帘（图 2-18）。草帘有阶梯式（图 2-19）和品字式（图 2-20）两种摆布方法。

图 2-15　裁棚膜

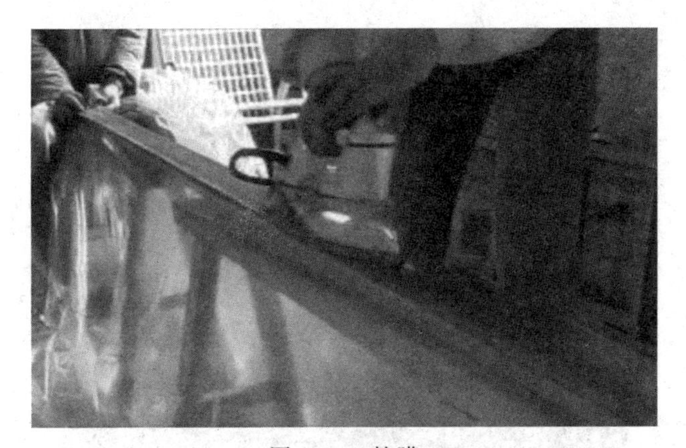

图 2-16　粘膜

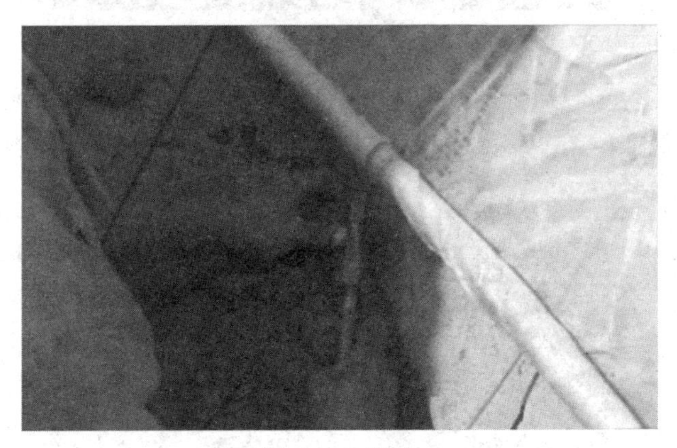

图 2-17　覆膜

图 2-18　上草帘

图 2-19　草帘阶梯式摆布

图 2-20　草帘品字式摆布

（3）建造用料及投资明细表（表 2-1）

表 2-1 建造用料及投资明细表

名称	材料	规格	数量	单位	单价	合计/元
墙体	土	长 60m，跨度 7.5m，高 3.8m	60+(9.5×2)	m	40	3160
水泥立柱	水泥	400#	0.65	t	300	195
	冷拔丝	5#	0.056	t	3800	212.8
檩条	圆木	长 2.8m，小头直径大于 12cm	33	根	20	660
冷拔丝(铺设)		4#～5#	300	kg	3.6	1080
钢管		*DN*40mm 国标管	7.5m×16 根		11.3	1356
竹竿		长 7.5m，大头直径 7.3cm	200	根	2	400
其他	铁丝	12#～16#	15	kg	12	180
	草帘	长 9m，宽 1.2m，厚 5cm	70	条	35	2450
	专用棚膜		6.2	kg	18	111.6
	旧棚膜	60×(6.5～7)m	1	张	500	500
	绳子					300
	横沿梁	长 60m，6cm×6cm				150
	麦草		8	车		200
	焊接费					300
	运杂费					300
	不可预见费					500
棚内水窖	水泥	400#	2	t	300	600
	施工费		30	m^3	40	1200
人工						3000
合计						16855.4
每米造价						280.9

2. 砖墙无立柱通用型节能日光温室（图 2-21）建造技术

（1）基本参数　方位角南偏西 5°～8°；长度一般 50～70m；跨度 7～8m；脊高 3.6～4.07m；后屋面仰角 37°～41°；后屋面投影 1.4～1.6m。

（2）建筑材料要求

① 骨架材料。前屋面骨架为全钢结构，采用平面桁架，前屋面骨架上弦选用 *DN*20mm 钢管（外径 26.9mm，壁厚 2.8mm），后屋面骨架上弦选

图 2-21　砖墙无立柱通用型节能日光温室

用 DN25mm 钢管（外径 33.7mm，壁厚 3.2mm），骨架下弦选用 ϕ12mm 钢筋，腹杆选用 ϕ10mm 钢筋，桁架间距为 1m。

② 墙体材料。墙体结构为砖包干打垒土墙。为避免盐碱及水浸坍塌，墙基用三合土夯实 30cm，待土墙干燥后，在土墙两侧底部再做 20cm 厚 C20 混凝土圈梁。混凝土圈梁上砌砖墙，砌筑用砖可选用实心砖或空心砖；内外墙体之间用 ϕ10mm 钢筋做墙身拉结筋。后墙顶部落水管选用 DN50mm 的 PVC 管。

③ 后屋面材料。后屋面选用复合型聚苯乙烯泡沫板（简称聚苯板）。聚苯板容重每立方米 15kg 以上，厚度不小于 15cm，宽度依后屋面长度而定。聚苯板之间用建筑胶黏结，聚苯板内表面用石膏板或菱镁材料做表面处理，外表面用水泥砂浆处理，厚度 3cm 以上，降雨量较大地区，后屋面表面必须用防水材料进行处理。后屋面骨架上纵向拉两道∟40mm×40mm×3mm 角钢，骨架脊部纵向拉一道∟50mm×50mm×3mm 角钢，角钢两端固定在山墙上。

④ 透明覆盖材料。透明覆盖材料选用乙烯-醋酸乙烯（EVA）、聚氯乙烯（PVC）或聚乙烯（PE）日光温室专用膜，厚度 0.12mm，流滴持效期 6 个月以上。

⑤ 保温覆盖材料。保温覆盖材料选用保温被或草帘，还可在草帘外覆盖棚膜防霜保温。保温被宽 3～4m，厚 1～3cm，重量每平方米 1～3kg，表

层应具备防水、防老化性能，芯层具备良好的保温隔热性能。草帘宽 1.2～1.5m、长 9～10m、厚 4～6cm。

⑥ 固膜卡槽。选用热镀锌固膜卡槽（有条件也可采用铝合金固膜卡槽），宽度 28～30mm，钢材厚度 0.7mm，长度 4～6m。

（3）建造技术

① 墙体施工。施工前，先将表层 30cm 耕层土壤移出，在墙体砌筑完成后回填，以利于温室作物种植。干打垒土墙应连续分层砌筑，无明显接缝，夯实程度一致；墙内外留 50cm 空地不取土，保护墙体。

干打垒土墙水平间距 1.8m、垂直间距 0.7m 放置墙身拉结筋用于拉结双层砖墙。

土墙干透后，土墙两侧基部做 0.3m×0.3m 底圈梁，底圈梁上做 24cm 厚黏土砖墙，内外两层砖墙之间用墙身拉结筋拉结。墙体顶部做钢筋混凝土圈梁，顶圈梁内侧上部东西向每隔 1m 放置骨架预埋件。

两侧山墙顶部用 5cm 厚水泥砂浆封面。外墙顶部用水泥砂浆及防水材料处理，每隔 5m 放置 *DN*50mm PVC 排水管。

② 前屋面施工。按标准图等高线加工好骨架，前屋面骨架纵向分别距骨架一端 2m、4m、6m 处拉三道 *DN*20mm 钢管，将整个温室骨架全部连接在一起，增加温室的稳定性和安全性；焊接的骨架应在同一平面上，避免高低错落，焊接结束后，用砂纸除去金属材料表面的铁锈，涂两遍防锈漆做防锈处理；钢骨架前端与前沿底圈梁预埋件焊接，顶端和顶圈梁预埋件焊接。

③ 后屋面施工。后屋面骨架顶部纵向焊接一道∟50mm×50mm×3mm 角钢，骨架上纵向焊接两道∟40mm×40mm×3mm 角钢，骨架角钢两端固定在山墙上。每个骨架上焊接一个长度超过保温板 8cm 的 ϕ12mm 螺杆，用于固定聚苯乙烯泡沫板和保温被；将加工好的复合聚苯乙烯泡沫板安装于温室后屋面，聚苯板之间用建筑胶黏结，聚苯板和骨架之间用螺杆固定连接，固定螺杆距骨架脊部 30～50cm。

复合聚苯乙烯泡沫板安装好后，表面用水泥砂浆抹面，厚度 5cm，水泥砂浆每隔 1.5m 留伸缩缝，防止水泥开裂。

④ 通风窗安装。采用扒缝或卷膜器通风，顶通风窗宽度 1～1.5m，底通风窗宽度 0.6～1m，长度和温室等长。通风口安装 40 目防虫网。

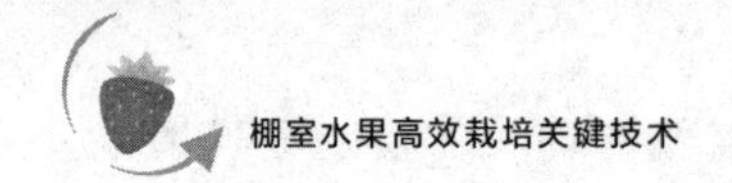

温室长度在 60m 以内时，卷膜器卷轴采用 *DN*15mm 镀锌钢管，壁厚 2.75mm；温室长度在 60m 以上时，卷膜器卷轴采用 *DN*20mm 镀锌钢管，壁厚 2.8mm。

⑤ 防寒沟施工。在距温室前沿 10cm 处挖宽 20cm、深 50cm 的防寒沟，沟挖好后埋入厚 8cm、宽 50cm 的聚苯乙烯泡沫板作为防寒沟隔热材料。

⑥ 蓄水池施工。水池为地下式，边沿高出地平 20cm，建在温室内靠近水源一侧，距山墙 50cm。

水池长 5m、宽 2m、深 2.5m、容积 $25m^3$，中间用 12 砖墙或 10cm 混凝土隔墙隔开，隔墙底部距池底 15cm 处留一直径 5～8cm 的过水孔。

⑦ 缓冲间施工。缓冲间建造于日光温室出入门的外侧，温室出入门与缓冲间门的方向要错开，以免寒风直接吹入温室。缓冲间为土木结构，长 2.5～3m，宽 2～3m，高 2.5m 左右，一般南侧开门，与外界相通。温室出入门应设置在山墙上，宽 0.8～1m，高 1.6～1.9m，与温室内走道相通。

第三章 棚室的环境条件及调控

棚室的环境条件指对生产影响较大的温度、湿度、光照、气体、风速等，棚室生产由于进行的是反季节生产，生产季处于一年的低温、短日照期，生产受自然因素的影响较大，可通过人工对生产环境进行干预，创造适宜水果生产的环境条件，以利高产、优质，促进生产效益的提升。

第一节　光照特点及调节

一、光照对棚室水果生产的影响

光是水果生长进行光合作用的主要能源，同时也是冬春季进行棚室栽培的主要热源，光照条件好坏直接决定产量的高低及品质的优劣。

冬春季在棚室中栽培水果，自然光照强度、光照时间和光质等与露地栽培都有很大的差异，加上人为措施的影响，极易因光照不足而导致产量降低，并且容易出现生理障害。

二、光照特点

太阳辐射是棚室栽培的主要光源，冬春季由于受各种因素影响，棚室内光照弱、光照时间短，特别是冬至节气前后，光照不足，对水果产量的形成影响较大。

影响光照的主要因素包括温室采光屋面的角度、构件材料的挡光、覆盖物的影响以及栽培技术等方面。

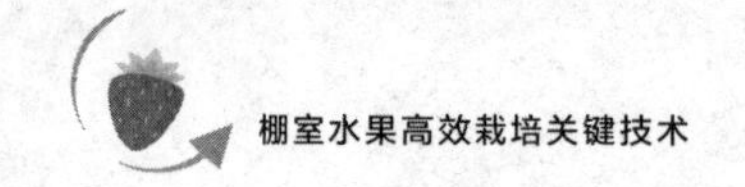

1. 采光屋面的太阳光投射角度对采光的影响

太阳光投射角，即太阳光线与采光屋面构成的夹角等于90°时，其反射率为零，进入室内的光线最多，但实际上太阳光投射角随着季节和时间的变化随时都在改变，不可能永远固定在同一位置。结合当地“冬至”日太阳高度角，求出比较合理的采光屋面角度即可得到较多的光照，一般光线入射角只要不大于40°，对透光率的影响是不大的，如果每天阳光投射角在50°以上的时间达到4小时以上，这种前屋面角最理想。

2. 构件材料对光的影响

由于棚室不透明物的存在，太阳光线射到温室表面后即受到阻挡，光的透过率受到影响，在室内形成阴影，不同材质的影响是不一样的，在材质选择时应以遮光率小的材料为主。

3. 塑料薄膜质量对光质的影响

采光屋面的覆盖材料，主要有聚氯乙烯膜或聚乙烯膜，两者在制造工艺上，可以加入表面活性剂即可制成“无滴膜”。因为有表面活性剂，膜面形成水膜而不形成水珠，减少了入射光线的反射率，同时可以避免滴水对土壤湿度的影响。前者透光率高于后者，而后者对紫外线透过率略高于前者，紫外线有杀菌作用，可抑制某些病害发生，对果实着色和抑制徒长有良好作用。聚乙烯膜对红外光及5μm以上的长波透过率高于聚氯乙烯膜，在夜间长波辐射容易透过薄膜而向外逸散，对保温不利，所以它的保温性低于聚氯乙烯膜。由于受光、热、水、氧和微生物的作用，特别是紫外线的作用，薄膜使用一段时间后，即逐渐老化，光透过率也逐渐降低，在防老化方面聚乙烯膜比聚氯乙烯膜更能延长老化过程。塑料薄膜是带静电的物体，空间漂浮的灰尘都带有电荷，由于异性电荷相互吸引，薄膜表面容易造成浮尘堆积。薄膜表面受污染，对光透过率影响较大，在抗污染性能方面，聚乙烯膜不易被污染，并且受污染后容易洗净。综合来看，采用聚乙烯膜较有利。

4. 冬春季的光照时间

冬春季节纬度越高的地区，日照时间越短，加之空气污染和水、气、云、雾等的影响，以及为了保温早晨揭苫时间较迟、下午盖苫时间较早，冬春季光照时间短是棚室水果生产中突出的问题之一。

三、棚室生产中光照的调控

光照调控，除采光屋面要有合理的采光角度，选用好骨架材料以及选用透光率高、污染少、保温性好的薄膜外，还需注意以下几点。

1. 经常保持膜面清洁

每天揭苫后，及时清扫膜面的灰尘等杂物，保持膜面清洁。

2. 及时揭盖苫布帘

在栽培水果不受冻害的前提下，应早揭晚盖苫帘，争取较多的光照；在春季如果外界绝对低温已经升高到果树可忍耐的低限以上时，即可部分覆盖苫帘直至停止覆盖苫帘。

阴天，特别是连续阴天，切忌久盖不揭苫帘，造成室内暗期过长，致使呼吸消耗多，引起生长早衰，在阴天揭开苫帘有利于散射光的利用，时间长短以作物不受冻害为前提。阴天管理，还应注意光照强度与温度相适应，阴天光照弱，在暗室内温度要适当低些，因为光照弱时光合效率低，制造的营养物质少，在温度较低的条件下才能避免呼吸作用过量消耗养分。

3. 改进栽培方法

在冬季太阳高度角比较小的情况下，东西走向的温室，栽植密度相同，采取南北行向定植要比东西行向好，能够提高下部叶的受光情况，合理密植有利提高产量。

4. 补光

棚室栽培的水果开始生育阶段一般都处于冬春阶段，此期太阳高度角小，日照时间短，光合作用不足，往往引起树势衰弱，产量和品质下降。为了改变这种现象需采用补光栽培。一般从 11 月中旬至 2 月下旬，每天在苫帘后至日出前用白炽灯补光数小时，在阴天全天补光，每 4m 长温室装一个 60W 白炽灯，就可收到较好的效果。

在用于保护地水果补充光照的所有光源中，有白炽灯、荧光灯、水银灯、卤化金属灯及钠蒸气灯数种，其中补光效果较好的卤金属灯光波范围在 540～600nm，钠蒸气灯为 570～610nm，每 $8m^2$ 装一个灯，每天在 18～22 时进行补光，能促进新梢旺盛生长，增大叶面积系数，新根生长良好。

补光的时间安排上可分连续性补光和午夜间断补光两种，连续性补光指在日落后至日出前连续补光，使之达到每天 16h 左右，实施早期加温栽培的保护地水果在萌芽后多采用。间断性补光一般从 23 时至次日 1 时左右进行，每天补光 2～3h。在提早加温栽培的水果生产中，从新梢发生 4～5 片叶开始，直到果实着色期都可补充光照。4 月份以后，随着自然光照时数增加而停止补光，若继续补光反而延迟果实成熟。

第二节　温度特点及调控

棚室栽培中主要以太阳辐射作为能源，由于气象因素的多变性，所以室内温度状况很不稳定。主要特点是温差大、相对湿度较高。

一、温度对水果生长发育的影响

水果对温度的要求是与光照条件相适应的，但温度是影响作物生长发育的最敏感的环境因素，不同水果有不同的最适温度、最高温度和最低温度。最适温度最能充分满足水果作物生长发育的需要，是温度调控所追求的目标；最高、最低温度是水果作物生长发育的范围，超过水果作物能够忍耐的范围，其生育即受到抑制或者死亡。水果生长发育的不同阶段，其最适温、最高温、最低温也不相同。

在一日内，作物的生理活动是和昼夜变化相联系的，光合作用主要在白天进行，而一天之中又以上午最强。夜间，作物白天制造的同化产物开始向根、茎、生长点、果实等非光合器官转移，主要在日落后4～5h进行，需要较高一些的温度进行运转。此后如果继续维持较高的温度，将会出现叶色变浅、叶片变薄、植株徒长等体内碳水化合物亏缺状态，因此后半夜至次日揭帘前，维持较低温度，以便抑制呼吸作用，保持叶片内的光合产物浓度。

对温度的管理，栽培者往往注意气温的管理，而对地温注意不够，其实地温对水果的生长发育、产量和质量都有直接的影响。地温不足，对根的吸收活动和微生物活动都会产生不良影响。

二、棚室中温度特点及调控

棚室内温度形成过程是：白天当太阳辐射透过采光屋面射入室内之后，其入射光除植物光合作用所利用的部分外，剩余的部分光线射向土壤、墙体及其他物体，使这部分的物体获得辐射热，提高本体温度，这些物体又放出长波，一部分透过覆盖物向外界逸散出去，一部分被薄膜阻挡留在室内提高室内温度，这种现象一般被称为“温室效应”。留在室内的热量，由于覆盖物的保护而不易被风吹走，所以白天温室的温度能够比外界温度更快提高。温室在白天所获得的这部分热量，或以传导方式被土壤吸收贮存，或被用于蒸发空气和土壤水分及植物的蒸腾消耗，还有一部分通过覆盖物、墙体、土壤和缝隙以横向传导方式或换气交流方式而流失于室外。一般温室内到了下午 2～3 点时温度达到最高点，此后随着阳光的西下，温度又逐渐降低，直至覆盖苫帘之后，依靠室内各部位的贮存热向外进行长波辐射，直到次日日出之后外界温度升高时停止辐射。棚室内的最低温度一般出现在早晨揭开苫帘之后。

温室的温度调控，不但要根据不同作物种类、不同品种、不同生育阶段对温度的不同要求进行，而且由于光照是日光温室生产的关键因素，所以还应该按照光的变化，对温度管理作相应的调节。温度调控的目的，主要是争取维持作物的生育适温，一般是根据作物生理活动，把昼夜分成若干时段，进行所谓的“变温管理”。但温室的环境条件在最冷季节很难达到准确的变温管理标准。在初冬和早春之后的季节，室内又常常出现过高的温度，所以温度调控不单纯是保温管理，而且包括增温管理和降温管理。

1. 保温管理

主要是傍晚光源中断后或严寒期白天光照不足，气温达不到植物生长低限时即要进行保温，覆盖苫帘是保温的主要手段。生产中要认真观察室内温度变化的动态，以观察得到的数据作为操作的依据，进行操作。如果早上揭起苫帘之前室内的温度不低于植物生长最低界限温度，即说明前一天晚上的覆盖时间和覆盖物的多少均为适宜，反之，即要调整覆盖时间。如覆盖时间调整后室温仍继续降低，则说明外界温度过低，室温与外温的差别过大，热量的损失强烈，则要增加覆盖物保持温度。可在室内用小拱棚覆盖或采用保温幕帘等，一般采用小拱棚或幕帘后可以提高 2～3℃。

2. 增温措施

生产中要经常擦净薄膜外面的灰尘，保持膜面清洁，对增温是十分重要的；在温室的后面增挂反光膜、地面覆盖地膜等，对提高温度都具有显著的效果。在严冬季节，经常会遇到连续阴天和寒流降温天气，预计到灾害性天气可能出现的时候，在夜间就要人工临时加温，以解决燃眉之急。但人工临时加温的设备，要有排烟装置，防止燃烧煤炭过程中产生的有害气体危害水果。

3. 降温管理

在室温超过植物生长高限时即应进行降温，在春季，高温天气会经常出现，要加强降温管理。降温管理主要通过自然通风对流散热来降低室内温度。通风降温多在晴天中午进行，通风量的大小，主要根据室内温度状况而定，为了准确掌握室内温度，室内应装置温度计，以供随时观察温度变化，作为管理的依据。降温措施除通风外，如果温度居高不下，还可使用遮阳网，减弱光照强度，降低室温。

第三节 水分调控

空气湿度和土壤湿度即一般所说的水分条件。

一、水分与水果的生长发育

水分是水果生长发育不可或缺的物质，如果水分不足，水果不能保持正常的生理机能，产品也不能保持多汁的鲜嫩品质。水果种类不同，对水分要求有各自的特点。

棚室栽培水果时，由于环境密闭，棚内土壤蒸发和植株蒸腾水分难以散失，空气相对湿度较大，可达90%以上，在白天通风情况下一般为80%左右。空气湿度过高，作物生长较弱，容易徒长，影响开花和结实。同时，对大部分气流传播的真菌，适宜孢子萌发，容易发病。

棚内空气湿度日变化大，其日变化与温度的日变化趋势相反，棚温升高，相对湿度降低，棚温降低，则相对湿度升高，晴天、风天时相对湿度低，阴天、雨雪天时相对湿度增高。

二、空气湿度与土壤湿度的调控

棚室水果生产中水分管理总的原则，应坚持“少量多次”进行灌水，切忌大水漫灌，避免造成低温高湿环境，要避免在阴天无光的条件下浇水。在一天之内，浇水宜在上午进行，浇水后应及时通风，降低空气湿度。根据室内位置不同，浇水量也应有所区别，温室的后部和山墙附近，土壤水分蒸发较少，应少浇水。水果的生长发育阶段不同，对水分的需要量也是有差异的，因此必须按照不同生育阶段对水分的要求进行浇水。

现代棚室水果栽培中浇水方法主要以滴灌为主，没有滴灌条件的灌溉时应采用畦灌和高畦灌。浇水时应注意不要在阴雨天进行，以免降低地温，影响根系生长，等待天晴后进行浇水。同时应根据土壤质地及表面状况以及肥料多少，确定浇水的时间和强度，一般土壤干燥或出现裂缝时应立即浇水，施肥量大时，要适当浇水。

1. 温室浇水

要以室内贮水为主，以解决严寒期水温低的问题，通常在温室的尽头光线较差的地方，修筑水泥贮水池，贮水量 $10m^3$ 左右，在浇水前提早贮水，提高水温后进行浇水。

2. 空气湿度的调控

空气湿度是表示空气中含水量的多少。表示空气湿度的方法有水汽压力、绝对湿度和相对湿度等，通常采用相对湿度表示法。相对湿度即空气中的水汽压力和同一温度饱和水汽压力之比，一般用百分数表示。在日光温室里，空气相对湿度经常在90%左右，夜间经常达到饱和状态，空气相对湿度比较高，是棚室生产的一个显著特点，这是由棚室密闭性能好、空间小、冬季日照弱、温度低、通风少等因素所致的。空气相对湿度的变化具有规律性，一日之内夜间比白天高，早晚比中午高；在生产季节内，严冬季节高于秋末冬初和春末夏初；阴天高于晴天。同时空气相对湿度与管理有关，通风前后均比较高，浇水后高于浇水前。根据这些规律即可采取相应地降低湿度管理措施。

在相对湿度较高的环境中，很容易发生病害，所以为了防病和获得优质高产，根据水果生长发育要求，调控湿度是十分必要的。

湿度调控的方法有如下几种：

（1）覆盖地膜　覆盖地膜是最有效的降湿方法，而且可以保墒、提高地温、抑制杂草生长。

（2）通风换气　无人工加温的温室，应视温度状况进行通风换气，但如果通风会带来低温冻害时，即使空气相对湿度达到饱和状态，也不可通风换气。所以在严寒期间，应在保证水果不受冻害的前提下进行通风降湿。比较适宜的空气湿度，一般白天为50%～60%，夜间为80%～90%，在棚内空气相对湿度饱和的情况下，若提高棚温，可降低相对湿度。在温度5～10℃

时，每提高 1℃，则降低空气相对湿度 3%～4%；20℃的温度下空气相对湿度约为 70%；30℃的温度下空气相对湿度约为 40%，这是一般规律，应用时可做参考。

(3) 适当控制浇水量　采用膜下滴灌的方法浇水，可减少灌水量和蒸发量。

第四节　气体对水果生产的影响及调控

棚室栽培水果，由于环境密闭、空气流通不畅，导致二氧化碳消耗多，补充不及时，水果常处于二氧化碳饥饿状态，严重影响光合作用，限制产量和质量的提高。同时，如果施肥、打药或棚膜选用不当，就会产生一些有害气体，危害水果的生长发育，严重的会造成树体枯死。

一、棚室中二氧化碳浓度变化规律及补充的方法

1. 棚室栽培中二氧化碳浓度变化规律

晴天日出前，室内二氧化碳浓度最高，这是由温室夜间密闭，作物呼吸作用、土壤有机物分解释放出的二氧化碳和光合作用停止所致的。日出后随着温度升高，光照增强，光合作用加快，室内二氧化碳浓度下降，到中午 12 时二氧化碳浓度最低，通风换气后，室内二氧化碳浓度开始增加，到下午 4 时左右，光照逐渐减弱，室温下降，停止通风，但作物光合作用仍在进行，室内二氧化碳浓度仍会下降，日落后，作物光合作用停止，二氧化碳浓度又有所回升。

棚室内中午前后，温度和光照均达高值，是光合作用的最佳时段，但此时二氧化碳浓度却最低，因此进行二氧化碳补充很有必要。

2. 补充二氧化碳的主要方法

(1) 增施有机肥　增施有机肥，提高土壤腐殖质的含量，改善土壤理化性状，促进根系呼吸作用和微生物分解活动，从而增加二氧化碳的释放量。

(2) 化学反应法　应用石灰石加盐酸或硫酸加碳酸氢铵产生二氧化碳的方法，补充温室内的二氧化碳。具体方法如下。

① 石灰石加盐酸产生二氧化碳。将石灰石砸成 $3cm^3$ 左右小块，每亩温室准备 50 个容器，每个容器放入 400g 左右的石灰石，盐酸和水按 1∶1 比

例稀释后，倒入盛有石灰石的容器中（每个容器500g左右）。稀释盐酸易挥发，要随配随用。

② 硫酸加碳酸氢铵产生二氧化碳。每亩温室准备40个非金属容器，将浓硫酸与水按1∶3的比例稀释，即将浓硫酸缓慢地倒入水中，搅拌均匀，切忌将水倒入硫酸中，每个容器倒入稀释好的硫酸500g，每天加90g的碳酸氢铵，一般加一次酸可供3日加碳酸氢铵用。

（3）施用二氧化碳颗粒肥　一般每亩施40～50kg，一次施用可持续释放二氧化碳气体40～50天，物理性状好，化学性质稳定，使用方便安全。

（4）应用二氧化碳发生器　二氧化碳发生器设计科学、结构简单、使用安全方便、经久耐用、产气量多、纯度高、无污染、投资少、使用寿命5～10年。有加燃油装置、燃烧丙烷气、燃烧天然气装置，以及液体二氧化碳等多种，目前生产中应用较多的是通过燃烧丙烷气提供二氧化碳。二氧化碳发生器所发出的二氧化碳，随即分散到叶片周围为光合作用所用。

（5）燃放沼气　选用燃烧较安全的沼气灯或沼气炉，于每天日出后或揭苫后半小时点燃沼气，当室内二氧化碳浓度达到0.1%～0.2%时关灯停气。

（6）深施碳酸氢铵　碳酸氢铵施入土壤后，在氮素肥效发挥的同时，还能释放一定的二氧化碳，一般每平方米施10g碳酸氢铵，施深5～8cm，隔15天再施用一次，但应按树势施用，旺长树少用。

3. 棚室施用二氧化碳注意事项

水果生产中在开花前一般不施用二氧化碳，以免造成植株营养生长过旺，不利开花坐果；结果期是二氧化碳的最佳施用期，二氧化碳气体必须连续施用。晴天日出揭苫后1小时左右是二氧化碳的最佳施用时间，冬季晚些，春季提前一些施放，一般11月至次年2月在早晨7～8时施放，3～4月在早晨6～7时施放，5～6月在早晨5～6时施放。在生长后期室内温度高达30℃时，要注意放风，一般二氧化碳发生器使用2个小时后才能放风，由于二氧化碳比空气重，放风时尽量放顶风，减少二氧化碳流失。阴天可适当推迟施用，遇雨雪或寒流天气时，气温偏低，光照弱，可不施用。一般可一直施用到采果结束。

二、有害气体危害症状及气体危害预防

棚室栽培中对水果造成危害的气体种类较多，出现危害的原因较复杂，

危害症状各异，生产中应区别对待，对症施治，以减轻危害。

1. 有害气体的危害

(1) 氨气　主要来源于未经腐熟的人粪尿、鸡粪、猪粪等，在密闭的棚室内，这些肥料经高温发酵产生并积累大量的氨气，使水果发生氨气危害。另外施用碳酸氢铵、尿素等氮素肥料也会产生大量氨气，其中尿素施用后3～4天产生氨气最多，水果受害最重，碳酸氢铵施后一周内出现受害症状。

当棚室内氨气浓度达到 $(5\sim10)\times10^{-6}$ 时就会对水果产生毒害作用。氨气从气孔侵入植物细胞产生碱性损害，受害组织先呈现水浸状，接着变成褐色，后变白色，严重时枯死萎蔫。氨气首先危害水果细嫩组织，如花、幼果、嫩叶等。生产中易把氨气中毒与高温危害相混。不同水果对氨气反应不同，毒害产生的临界浓度也不一样，但当棚室内的氨气浓度达到 $(30\sim40)\times10^{-6}$ 时，所有棚室栽培的水果都会受到严重危害，甚至整体死亡。

生产中可用 pH 试纸检测棚室内是否有氨气累积，即在早晨日出放风前用 pH 试纸测试棚膜上的水滴酸碱性，若呈碱性反应则说明有氨气积累。

(2) 亚硝酸气体　主要来源于氮肥的不合理施用，土壤中特别是碱质土壤连续大量施入氮肥，土壤中亚硝酸态氮向硝酸态氮转化过程就会受阻，会导致土壤中积累大量的亚硝酸，挥发后在棚室内积累起来。

亚硝酸气体中毒多发生在施肥后一个月左右。一般情况下亚硝酸态氮会很快转化为硝酸态氮被植物吸收，但若施肥过多，亚硝酸态氮转化受阻，亚硝酸在土壤中集积，进而挥发到棚室内，当棚室内亚硝酸气体浓度达到 $(2\sim3)\times10^{-6}$ 时水果就会受害。

亚硝酸气体主要从叶片的气孔随气体交换而侵入叶肉组织，初使气孔附近的细胞受害，进而毒害海绵组织和栅栏组织，使叶绿素结构被破坏，呈褐色，叶面出现灰白斑，浓度过高时叶脉也会变成白色，叶肉部分全部漂白、枯死，甚至全株死亡。

棚室内是否发生亚硝酸气体积累，也可采用 pH 试纸测试，这种气体未产生时，棚膜的水滴呈中性，若 pH 值下降呈酸性，则说明有亚硝酸气体积累。

(3) 一氧化碳和二氧化硫　温室生产中用煤火加温时，常因煤的质量、加温方式不当或风向不顺、烟道不畅通而使温室内产生大量一氧化碳、二氧化硫等气体。另外施用硫酸钾及未腐熟农家肥，在分解发酵过程中，也能放出大量的二氧化硫气体。

一氧化碳和二氧化硫的危害可分为三种类型：一是隐性中毒，水果无明显症状，只是同化机能降低，品质变差；二是慢性中毒，气体从叶片背面气孔侵入树体，在气孔及其周围出现褐色斑点，叶片表面黄化；三是急性中毒，产生与亚硝酸气体危害相似的白化症状，水果的叶肉和叶脉内部细胞死亡，甚至全株枯死。一氧化碳浓度达（2～3）$\times 10^{-6}$时，受害叶片开始褪色，叶表面叶脉组织先变成水渍状，再变白、变黄，最后变成不规则的坏死病斑。二氧化硫对人、水果均有危害，当棚室内浓度达到3×10^{-6}，并维持1～2h以上时，就会对水果产生毒害作用。二氧化硫从叶背面气孔侵入，破坏叶绿素组织使其脱水，叶片气孔多的地方先出现斑点，接着整个叶片开始褪色，一般浓度低时，只在叶片背面出现斑点，浓度高时，整个叶片像开水烫过似的，逐渐褪色，二氧化硫对幼嫩叶危害较重，老叶受害较轻。

（4）乙烯和氯气　主要来源于聚氯乙烯棚膜，当棚室内温度超过30℃时，聚氯乙烯棚膜就会挥发出一定量的乙烯和氯气。

乙烯和氯气浓度在1×10^{-6}以上，便会影响水果的生长发育，出现受害症状。乙烯能加速水果的衰老，促使叶片老化并产生离层，造成花、果、叶脱落，果实未长到应有大小而过早成熟变软，降低产量和经济效益。氯气使水果叶片变黄、变白，严重时整株枯死。

（5）邻苯二甲酸二异丁酯　塑料薄膜或其他塑料产品中含有增塑剂邻苯二甲酸二异丁酯，在棚室内温度过高时，邻苯二甲酸二异丁酯便会不断释放并积累起来。

邻苯二甲酸二异丁酯通过叶片的气孔被水果吸收，破坏细胞组织，产生毒害作用。当棚室内浓度在（1～2）$\times 10^{-6}$时，便会影响水果生长发育，使其出现受害症状。嫩叶较老叶受害重，受害叶片首先叶尖颜色变淡，逐渐整叶变黄、变白，严重时枯死，温度越高危害越重。

2. 气体危害的预防

棚室栽培中要采取综合措施，预防气体危害，保证生产的顺利进行，生产中应用的主要措施如下。

（1）科学施肥　施用的有机肥要充分腐熟，尽量少用氮肥，少用或不用碳酸氢铵，施用尿素时沟施或穴施，施后立即覆土，并严格控制用量，每次每亩施用尿素的量应控制在20kg以内，在棚室内监测到亚硝酸气体危害时，可土壤施入适量石灰中和，每亩施石灰 100kg 左右，以提高土壤 pH 值，防止亚硝酸的气体化。

（2）通风换气　在不受冻害的前提下，要加强通风换气，以有效降低室内有害气体的浓度，防止有害气体中毒现象的发生。

（3）选择用优质农膜　可选用安全可靠、耐低温、抗老化的农业专用棚膜，不使用加入增塑剂或稳定剂的有毒塑料薄膜，尽量采用聚乙烯膜作棚膜进行棚室栽培，以减少毒源，防止危害。在棚室内避免存放以聚氯乙烯为原料制成的塑料制品或其他材料，用后要及时搬出棚外，以防高温时挥发有害气体，如果发现棚室内出现乙烯或氯气危害，应立即更换棚膜。

（4）安全加温　冬季低温期必须加温时，不宜明火加温，加温一定要有烟道，同时尽量选用含硫量低的优质燃料，并注意燃料要充分燃烧，炉体和烟道设计要合理，密封性要好，做到不漏烟、不倒烟，将有害气体完全导出棚外，另外要严格控制棚温在 30℃以下。

棚室水果栽培管理

第一节　棚室栽培水果应注意的问题

水果在棚室栽培条件下，由于栽培环境发生了变化，其管理与露地栽培相比较，有较大的变化，生产中应适应棚室栽培的特点，抓好关键环节的管理，以促进生产效益的提高。根据生产经验，应重点抓好以下关键环节的管理。

一、科学谋划，适度规模发展，为商品化生产打好基础

棚室栽培水果时，为了提高市场竞争力，促进商品化生产，在发展时要因地制宜，适当进行规模化生产，实现区域化种植，增大产品批量，以利开拓市场。一家一户的分散经营，不利于商品化的生产，因而在进行水果保护地栽培时，应注意适度规模发展，以形成商品化生产基地，为以后产品的销售打好基础。生产中生产能力要与销售能力、市场消费能力相匹配，种植要适量，防止无限制地扩大种植规模，种植树种和品种单一化，造成产品滞销，影响生产效益的提高。

二、引进先进设备和配套技术，实行科学化管理

水果进行保护地栽培，技术性比较强，只有实行良种良法配套，才能取得好的经济效益。华北、东北地区经多年栽培，已培育出了适应保护地栽培的优良品种，总结出了保护地栽培的高产优质高效生产经验，西北地区发展保护地栽培时应认真借鉴，以减少在发展中走弯路。

三、要合理布局，充分利用地理优势

首先保护地栽培水果，大多为时令水果，时令水果不耐贮，加之果实成

熟期气温较高，因而保护地栽培水果在选址时应尽量靠近市场或交通干线，以便产品生产出来能及时销出去，实现由产品向商品的转变。其次保护地栽培的关键在于低温季节保温效果的好坏，因而应在避风向阳的地方建园。

四、要明确市场销售方向

保护地发展水果生产，应以满足本地周边市场消费为主，外地市场为辅。由于保护地栽培水果以时令性水果为主，在贮运上有很大的局限性，使其销售市场受到限制，因而产品主要应以周边市场销售为主。

五、树种和品种的选择要合理

棚室栽培水果是近年兴起的高效种植业之一，棚室栽培水果主要通过果品供市时间的提前或延后，延长产品供市时间，以提高产品售价，提升经济效益。由于棚室水果栽培环境的改变，对水果有较严格的选择性，只有选择好适宜的树种和品种，才能发挥其早熟、高产、高效的优势。根据棚室栽培的特点，棚室栽培的水果要具备以下条件：一是选择休眠对低温要求不太严格、短低温型、需冷量少、打破休眠容易的树种和品种种植，这是棚室栽培水果成功与否的关键，需冷量多的树种或品种，在棚室内往往破眠困难，很难发挥早熟的优势；二是选择适应性强的品种种植，棚室水果由于生长在不良环境中，高温高湿是生长前期和后期的重要特点，中期温度过低，棚室内湿度较大，光照不足，二氧化碳缺乏，病害严重，因而棚室水果生产中应选择对高温、高湿、低温、弱光适应能力强，抗病的品种种植；三要注意选择矮化品种种植，棚室栽培水果时，由于生长空间所限，树体的生长量不能太大，应尽量选择矮小的水果种植；四是选择早实性强的品种种植，树种不同，进入结果期的迟早是有差别的，如在自然条件下，核果类有“桃三年，杏四年，李子结果需五年”的说法，棚室栽培水果，由于投资大，应尽量选择易结果的树种和品种种植，以利早收益；五是选择生长期短的品种种植，棚室种植水果重要目标之一是抢占市场，果实生长期长的品种很难达到这一目的，因而应尽可能地选择果实生育期短的品种种植。

目前棚室栽培水果主要以不耐贮藏的时令性水果桃、杏、李、樱桃、草莓、葡萄为主，近年来桑葚、人参果及南方水果榴莲、山竹、火龙果等也开始在北方温室中试种并获得成功。

棚室栽培有促成栽培和延迟栽培两种方式，不同的方式对应的品种是不一样的，促成栽培时应选择生育期短、休眠期短、需冷量少、成熟期早、果实品质优良、个大美味、色泽艳丽、果面光洁、耐贮运、自花结实率高、抗性强的品种为主；延迟栽培应选择果实品质优良、丰产性好、抗低温能力强的品种种植。其中促成栽培生产中应用的主要品种有：

① 草莓。明星、宝交早生、丰香、鬼怒甘、章姬等。

② 桃。雨花露、麦香、早香玉、庆丰、春蕾、五月火、早美光、早红露、华光、艳光、中油 5 号、瑞光 3 号、秦光 2 号、秦光 6 号等。

③ 杏。荷包杏、胭脂杏、香白杏、沙金红杏、玛瑙杏、凯特杏、金太阳杏等。

④ 葡萄。巨峰、乍娜、六月紫、京早津、早生高墨、先锋、红双味、8611、8612 等。

⑤ 樱桃。红灯、黄玉、日之出、那翁等。

⑥ 李。梅李、转子李、红李、大石早生李等。

⑦ 红枣。六月脆、早脆王、伏早脆、大白铃、新金丝 4 号、葫芦枣、骏枣、板枣、瓜枣、冬枣、大雪枣等。

六、棚室建设要科学

目前我国棚室栽培水果主要有冷棚（塑料大棚）和暖棚（日光温室）两种方式，生产中可根据投资能力和生产目标进行相应的建设。在棚室建造时应注意：

① 栽培水果的大棚一般为南北走向，应建在光照充足、背风向阳地带，要靠近水源，土层要深厚、肥沃，以沙壤土最好，东西长不少于 15m，最长 50m，可以连体，最高处不少于 3m，两侧不低于 1.2m，当东西宽一定时，南北过短，棚内空间小，温度变化剧烈，不易控制；过长，温度高时通风困难。当长度一定时，过矮空间偏小，过高操作不便，且棚内光照差。按建材不同，可分为竹木结构棚、竹木水泥结构棚、钢竹结构棚和钢架无柱结构大棚、装配式钢管结构大棚五种，目前棚室栽培水果主要应用的为后两种，各部件的连接采用插接、螺钉，薄膜用镀锌钢丝和长槽固定，并配有卷塑料棚膜的设备。

② 温室建造时应东西延长，坐北朝南，方位为偏西 5°～7°，以便于有

效地利用下午的自然光。温室前屋面角决定温室能否有效采光，前屋面角一般应在28°～33°之间。为了提高温室的保温性能，墙体厚度应大于当地最大冻土层的厚度，以有效防止冻害。后屋面仰角应为38°～45°，该角度能最有效地吸收热量。一般温室东西长不少于40m，南北宽不少于7m，屋脊高不低于3m，后墙不低于2.6m，前立柱不低于1.2m。温室长宽高过小，室内空间小，升温快，降温也快，不易人工控制。前立柱过矮，每行的第一棵树过矮，一是生长难控制，二是果实位置过低易患病；前立柱过高，一方面不好操作，另一方面前屋面坡度小，苫帘滚动不顺利。

七、合理建园，为高产优质创造条件

棚室栽培水果与露地不同，主要表现在以下方面：环境温度变化剧烈，变幅大；土壤温度低；光照条件差，光照强度明显不足，棚室内各部位光照分布不均匀；室内外空气交换少，二氧化碳易缺乏，有害气体不能及时排出；空气湿度高；室内空气流动性差；室内昆虫数量偏少的条件下，极不利水果生长，也给水果栽培管理带来极大的不便。因而在建园时就应注意适应棚室栽培的特点，为效益型生产创造条件。具体应做到：

（1）适度密植　棚室栽培投资大、生产成本较高，促进产量提高、提升产业效益是生产的主要目标之一。目前棚室种植的水果大多成花容易，可通过密植，走群体增产的道路，结果后，田间枝量增大，出现郁闭时改造，逐步过渡到正常栽培密度，以提高前期产量。如核果类水果多按1m×2m的株行距栽植，以后随树龄增加，逐步降低栽植密度，最后改造成3m×4m种植。

（2）应用大苗移栽建园法，促进早产　利用营养钵育苗，是近年来棚室水果栽培方面的一大技术突破，通过在特定环境条件下，用营养钵培育2～3年生带花枝的大苗，在棚室建成后，移植到棚室内，是促进早结果的有效方法，生产中应不断完善，以提高应用水平。

（3）授粉树的配置应足量　棚室栽培水果时环境中空气流动性差、昆虫数量少、空气湿度大，严重影响花粉散粒、花粉传播，不利授粉受精的进行，因而在棚室种植水果时，对于授粉树的配置要高度重视，棚室栽培水果配置的授粉树，不但花期要与主栽品种相遇，花粉量大，本身也应具有较高的栽培商品价值，同时授粉树的配置数量要比露地的充分，通常主栽品种与

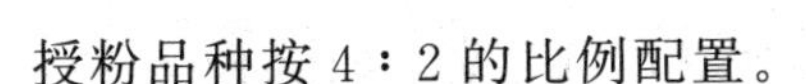

授粉品种按 4∶2 的比例配置。

（4）高垄覆盖栽培　棚室栽培水果时，土壤水分主要靠灌溉补充，为了有效防止土壤积水，提高土壤温度，控制空气湿度，生产中应用高垄覆盖栽培法，以改善根际土壤环境，促进树体健壮生长，提高结实能力。

（5）配置滴灌，提高肥水供给的科学性　近年来肥水一体化技术已经成熟，在生产中开始大量应用，棚室栽培中应积极应用这一技术，采用膜下滴灌技术，以便实行肥水一体化管理，有效地实现均衡供给肥水，控制空气湿度，减轻病害和裂果的发生，促进优质高产，提升生产效益。

第二节　棚室水果栽培技术

一、栽后当年露地期管理

栽植当年的管理主要涉及三方面，具体如下：

1. 促梢

棚室栽培水果的产量与光合面积呈正相关，栽植当年的前期要促进成梢，以扩大光合面积，为产量的形成创造条件，一般当主干延长梢长到 25cm 左右时，摘心促发副梢，培养树形，通常需摘心 3 次；对旺长枝梢进行拉枝，使之成水平状态；疏除影响主干生长的竞争枝，栽植当年树高应达 1.5m 以上，结果枝数量应在 10 条以上。

2. 促花

在 6～7 月份花芽开始分化时，注意控制新梢生长，合理供给肥水，促使生长中心向生殖生长转移，以利形成优质花芽，促进水果适期投产。生产中多采用喷施多效唑或 PBO 果树促控剂的方法调配树体营养，促进成花。一般在 7 月初开始用 15%多效唑 200 倍液喷第一遍，之后每隔 10 天左右再喷一遍，共喷 2～3 次，也可用 150～200 倍液的 PBO 喷施，每 10 天一次，连续喷 2～3 次。

3. 培养树形

棚室栽培的水果种类不同，选用的树形是不一样的，水果在棚室中所处位置不同，树形也是不同的，总体上保护地水果在树体整形时要求：树体矮小，结构简单，级次较少；培养容易，成形迅速，以利早果；树冠紧凑，易于更新；树形与棚室内空间大小相适应，树顶到棚膜间距不少于0.4m。树顶到棚膜间距过小时，通风条件差，降温慢，急需降温时降不下来，易对水果造成伤害，且通风条件不好，会加重病虫害的发生。如核果类水果目前棚室栽培中普遍采用的为纺锤形等主干形树形，但在棚室的南边，由于空间较低矮，则以开心形为主，生产中应根据具体情况，灵活选用相适应的树形。

棚室水果整形时应注意以下要点：

（1）修剪季节　修剪应以夏秋季为主、冬季修剪为辅，尽量少刺激，以缓和树势，促进成花。

（2）低定干　由于棚室栽培水果密度较大，生长空间有限，要求树冠矮小，定干高度根据棚体高低而定，一般定干高度为30～50cm，定干后剪口下留3～5个饱满芽。

（3）摘心　定植当年要多次摘心，增加分枝，适当扭梢，喷施多效唑，抑制营养生长，促进花芽形成。

（4）拉枝开角　核果类水果的主枝及辅养枝要适当拉枝开角，一般在新梢长到40cm时即可拉枝开角，在拉枝的同时，及时抹除背上旺枝。

（5）简化树形　尽量少留主枝，修剪以轻剪缓放为主，少重截。

（6）以果压冠　这是棚室栽培水果的核心管理技术，采用促花促果措施，以生殖生长抑制营养生长，控制树冠的大小，核果类水果在7月下旬至9月上旬据树体长势，每15～20天喷一次15%多效唑200～300倍液，连喷2～3次。

二、适期扣棚

在棚室水果栽培中，需冷量是一个重要的概念。通常北方水果需要在低于7.2℃的温度下一定时间后，才能完成休眠，其经历低于7.2℃低温所累积的时数称为需冷量。在需冷量未能满足，水果未充分打破休眠的情况下过早扣棚升温，会导致水果生长发育不正常，出现发芽晚、花芽花蕾脱落、开花不整齐、花期长、新梢节间不能伸长等现象，不利坐果。因而一定要在低温时间满足水果需冷量的情况下，适期扣棚。树种不同，同一树种品种不同，需冷量是不一样的，一般桃的需冷量为500～1000h，杏的需冷量为

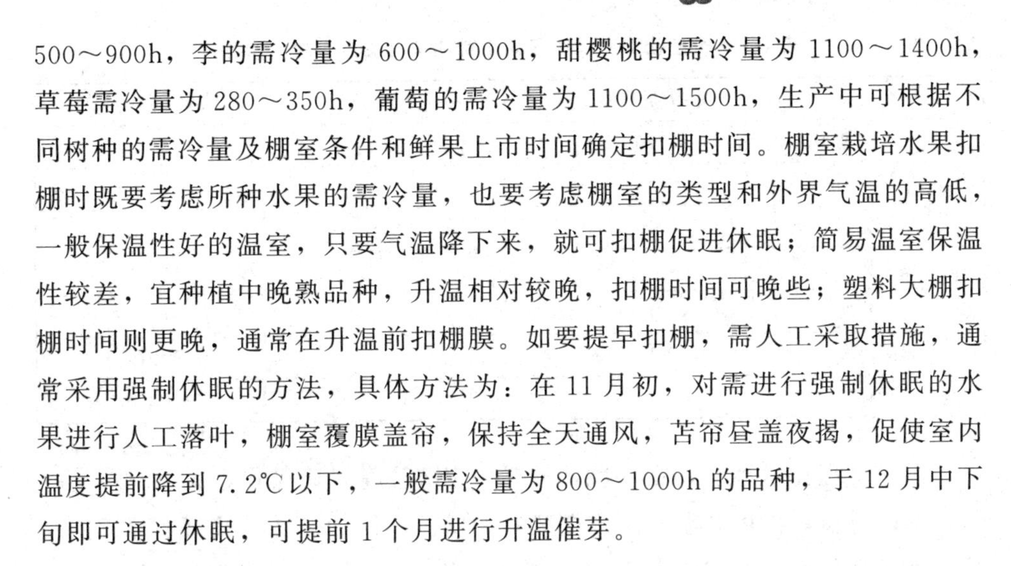

500～900h，李的需冷量为 600～1000h，甜樱桃的需冷量为 1100～1400h，草莓需冷量为 280～350h，葡萄的需冷量为 1100～1500h，生产中可根据不同树种的需冷量及棚室条件和鲜果上市时间确定扣棚时间。棚室栽培水果扣棚时既要考虑所种水果的需冷量，也要考虑棚室的类型和外界气温的高低，一般保温性好的温室，只要气温降下来，就可扣棚促进休眠；简易温室保温性较差，宜种植中晚熟品种，升温相对较晚，扣棚时间可晚些；塑料大棚扣棚时间则更晚，通常在升温前扣棚膜。如要提早扣棚，需人工采取措施，通常采用强制休眠的方法，具体方法为：在 11 月初，对需进行强制休眠的水果进行人工落叶，棚室覆膜盖帘，保持全天通风，苫帘昼盖夜揭，促使室内温度提前降到 7.2℃以下，一般需冷量为 800～1000h 的品种，于 12 月中下旬即可通过休眠，可提前 1 个月进行升温催芽。

三、渐进式升温

棚室栽培水果，扣棚后升温也很有讲究，升温不当，会导致坐果率低下，早期落果严重，会严重影响产量的形成，甚至绝收。这主要是棚室栽培的特点所决定的，扣棚后升温太快，由于棚内气温高，而地温上升缓慢，出现气温地温不协调现象，导致根系活动及发育滞后于枝梢，出现“先叶后花”的倒序现象，枝叶竞争营养，新梢旺长，不坐果。因而扣棚升温应逐渐进行，一般应持续 7～10 天，通常通过拉盖苫帘进行调节，扣棚初期先在白天拉起 1/3 苫帘，使棚内温度保持在 6～10℃，3～4 天后再拉起 1/2 的苫帘，使棚内昼夜温度保持在 10～15℃，4～6 天后，白天苫帘全拉起，以后根据要求提高棚内温度，当温度接近水果生长最高限时要及时放风。一般保温性能比较好的温室，当所栽品种满足需冷量后，即可升温，而简易温室保温性较差，一般年份应在元月上旬开始升温，升温过早，在花期遇较强的冷空气，易造成冻害，只有一层塑料没有苫帘的春棚，上塑料扣棚的时间应在 2 月中下旬，不宜过早。

四、环境调控

棚室栽培水果最大的优点是环境可人为控制，可通过放风、加温、增光、补充二氧化碳等方法，以满足水果不同生长阶段对环境的特殊要求，如棚室栽培油桃时不同生育期适宜温湿度控制参数见表 4-1。

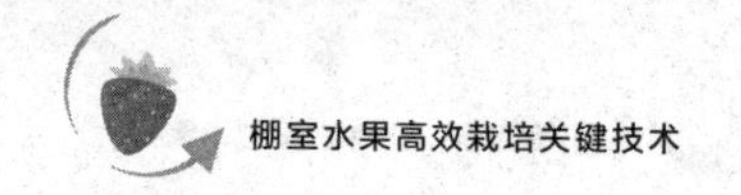

表 4-1　棚室栽培油桃时不同生育期适宜温湿度控制参数

生育期	白天适宜温度/℃	夜间适宜温度/℃	适宜湿度/%
催芽期	10～28	3～5	70～80
萌芽期	10～25	5	70～80
开花期	10～22	5～10	50～60
幼果膨大期	15～25	8～15	50～60
硬核期	15～25	10	小于 60
果实膨大期	15～18	10	不大于 60
采收后	30	10～15	同露地

温室管理技术性强，在环境调控时一定要注意正确操作，通风时应先打开顶部通风窗，再揭开温室下部棚膜，如反序操作，极易导致离下部近的水果受冻；当外界气温下降，夜间棚室内温度降至 3℃时，要用火炉加温；当温室内空气湿度大时，要及时通风，以降低湿度，当湿度小、空气干燥时，可通过浇小水的方法增加湿度；在做好温湿度调控的同时，对光照和二氧化碳的调控也应高度重视，一般由于棚室栽培水果时环境密闭，棚室内二氧化碳浓度远远低于大气中的二氧化碳浓度，不能满足水果生长需要，会影响产量的形成，要注意补充，棚室栽培水果生产中增施二氧化碳，可增强光合作用，有效促进产量提高，改善果实品质，增强植株的抗性。可通过增施有机肥、通风换气、用盐酸与石灰石或硫酸与碳酸氢铵反应释放二氧化碳、增施固体二氧化碳气肥等多种方法补充环境中的二氧化碳，其中施用固体二氧化碳气肥效果最明显，一般在水果展叶前 6 天左右，在树行间开深 2cm 左右的条状沟，每亩施 40～50kg 固体二氧化碳气肥，可使棚室内二氧化碳浓度高达 0.1%，有效期达 90 天，高效期 40 天左右。

棚室栽培水果时，由于棚膜过滤及遮光，棚室内光照强度不足自然光照强度的 70%，不能满足树体生长需要，生产中应注意选择新型 EVA 无滴膜覆盖，保持棚膜洁净，以提高透光率，同时需人工补充光照，补充光照早晚均可，每天需补充 3～4h，光源可用白炽灯、红光灯、日光灯等，其中白炽灯最佳，红光灯、日光灯次之。

五、人工破眠

一般棚室栽培水果，在自然升温条件下，经 20 天左右开始发芽，但有

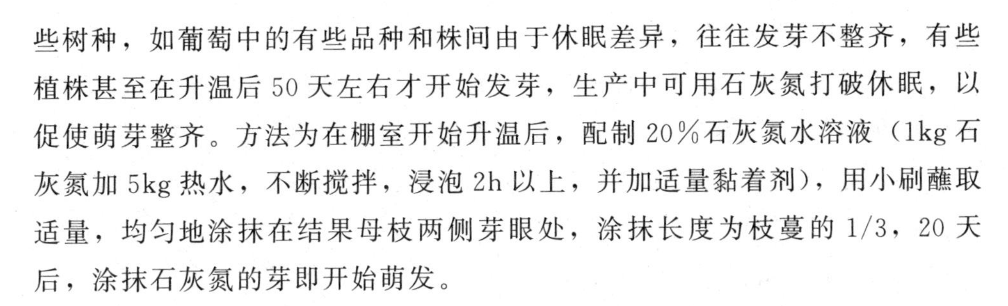

些树种，如葡萄中的有些品种和株间由于休眠差异，往往发芽不整齐，有些植株甚至在升温后50天左右才开始发芽，生产中可用石灰氮打破休眠，以促使萌芽整齐。方法为在棚室开始升温后，配制20%石灰氮水溶液（1kg石灰氮加5kg热水，不断搅拌，浸泡2h以上，并加适量黏着剂），用小刷蘸取适量，均匀地涂抹在结果母枝两侧芽眼处，涂抹长度为枝蔓的1/3，20天后，涂抹石灰氮的芽即开始萌发。

六、肥水管理

棚室栽培水果管理的目标之一是树体壮而不旺，因而对肥水的要求较严格，基肥应以有机肥为主，有机肥含有多种养分，为迟效性肥料，施入土壤后要经过缓慢分解才能够被树体吸收利用，水果施用有机肥不但有利于补充多种营养，而且在有机肥分解的过程中会释放出二氧化碳，可增加环境中二氧化碳的浓度，因而生产中对有机肥的施用应高度重视。施肥量应据树体大小、结果能力的高低灵活掌握，优质农家肥的施用量每亩应在4000～5000kg，商品有机肥每亩施用量应在500kg以上，配施过磷酸钙150kg、尿素30kg、饼肥200kg左右。基肥应早施，最好在9月中旬施入，此期正值根系生长高峰期，土温高，施肥后有利伤根愈合，树体叶面积大，蒸腾作用旺盛，可提高肥料的当季利用率，有利增强树势，增加树体贮藏营养，为花芽分化的完善及翌年开花坐果提供充足的养分，这是棚室水果丰产优质的关键措施之一。

追肥应重点施好坐果肥和果实膨大肥，追肥应以水溶性肥料为主，结合滴灌补充，应按树势及结果的多少灵活掌握施肥量。

水分管理坚持少量多次的灌水原则，保持土壤经常湿润。棚室栽培水果灌水应适量，过量地施肥灌水，易导致树体营养生长过旺、树冠大、树体郁闭、枝梢停长晚、长枝多、短枝少、花芽分化晚、质量差、坐果率低。

七、花果管理

一般棚室栽培水果时，应控制产量，以提高品质，一般单位面积产量应控制在大田产量的1/3左右，产量的控制主要通过花果管理来实现。

1. 促进花芽形成

棚室栽培水果的目的是早果丰产，所以采取促进棚室水果成花措施至关重要。生产中常用的措施有：

（1）提早栽树，延长树体生长发育时间　利用现有温室、大棚栽种水果时，可在1～2月定植水果苗木，也可先建小拱棚，集中培育营养袋大苗，装袋时间为1～2月，移栽时间5月中下旬，这样苗木可提前2个月左右生长，有利于扩大树冠和花芽分化。

（2）加大栽植密度，结果后间伐　核果类水果可按1m×1m的株行距栽植，当年树冠基本交接时，采用化控、夏剪等成花措施促进结果，结果后隔行间伐，变成1m×2m的株行距；第二年树冠也能交接，可连年丰产。若第一年按1m×2m的株行距定植，则树冠不交接，第二年虽能结果，但不能丰产。

（3）加强夏季修剪，调配树体营养，促进成花　在生长季通过摘心、扭梢、疏枝、拉枝、拿枝软化，采果后对结果枝回缩更新，控制树势旺长，保持树势中庸，促进成花。

（4）化学控制　利用化学药剂控制树冠、促进成花是棚室水果生产中常用措施之一，其成花机理为抑制新梢生长，促使营养生长向生殖生长转化，进而促进花芽分化。生产中使用的化学药剂有多效唑、比久、PBO等，核果类水果使用多效唑、PBO多，葡萄用比久多。核果类水果在栽植当年，新梢长40cm左右时或7月中旬前后喷15%多效唑200倍液，每10天左右喷一次，连续喷2～3次，葡萄花前每5天左右喷一次比久200～300倍液，均有良好的成花效果。

（5）适时追肥供水　肥水是水果生长发育的基础，也是花芽分化的重要物质保障，生产中应充分供给。

2. 加强辅助授粉

棚室水果栽培时，棚室内温度白天过高，夜间过低，大幅度的温度变化，往往导致花期缩短，花器发育畸形或受冻；花期棚室内湿度过大，会造成花粉黏滞，扩散慢，花粉生活力低，影响授粉，加之棚室栽培时环境密闭，空气流动性差，棚室内昆虫数量少，授粉受精不良，不利坐果，因而应加强辅助授粉，以提高坐果率。生产中可用放养壁蜂或人工辅助授粉的方法，促进授粉，以提高坐果率。壁蜂对低温环境适应能力强，活动期短，可用于棚室水果授粉，人工辅助授粉时可在水果花期用鸡毛掸子在树上轻轻地滚动，以完成授粉。

3. 疏花疏果

疏花疏果是控制产量、提高品质的主要措施，生产中应切实应用好。疏花应掌握在蕾期进行，一般应掌握疏晚花、弱花、发育枝上的花，草莓生产中应注意疏除高级次花；在坐果后进行疏果，注意疏小果、弱果、病虫果、密挤果，选留健壮果，以提高果实品质。

4. 促进果实着色

棚室栽培由于栽植密度大，加之棚室内光照不足、光线弱，果实多着色不良，生产中应注意改良，除保证田间有良好的通透性、保持棚膜洁净、提高采光率外，在施肥时应注意增施磷钾肥，果实采前20天左右地面铺设反光膜，棚室后墙悬挂反光幕，均有利于果实着色。

八、病虫害防治

棚室栽培水果时，水果生长在比较密闭的环境中，病虫害发生总的特点是病害重、虫害轻，应加强防治，要综合采用农业、生态、化学防治的方法，以提高防治效果。在棚室水果栽培中化学防治应重点应用烟剂熏蒸和粉剂防治法，以有效控制棚室内的湿度，防止病害的反复发作，减轻危害。

1. 农业措施

（1）增施有机肥　大量施用有机肥，可显著提高土壤有机质含量，有机质经微生物作用可转化成腐殖质。土壤腐殖质对土壤理化性状和水果生长状况的影响是多方面的。主要表现在：

① 腐殖质可促进土壤团粒结构的形成，改善土壤理化性状，增加土壤孔隙度，改善通气透水、保肥性能，提高土壤含氧量，调节土壤中水气比例，增加土壤中微生物数量，促进微生物活动，从而显著提高土壤肥力。

② 腐殖质能不断分解释放二氧化碳和氮、磷、钾、铜、镁、硫、硼、铁、锌等矿质元素，不断满足水果光合作用及其各种生理活动对二氧化碳和矿物质的需求。

③ 腐殖质在土壤中呈有机胶体状态存在，它带有大量负电荷，能大量吸附土壤溶液中的阳离子。若土壤中存有较多腐殖质，可显著提高土壤保肥能力，减少肥料流失。

④ 腐殖质在土壤溶液中具有较大的缓冲性能，能调节土壤溶液的pH值，特别是在盐碱性土壤中，增施有机肥是改良土壤、促进水果生长发育、

提高植株抗性的有效途径之一。

（2）适当减少氮肥的用量　施氮过多，不但会造成肥料浪费，破坏土壤养分平衡，造成土壤污染，导致土壤板结，而且会提高树体内硝酸盐与亚硝酸盐的含量，降低水果抗性，使其易发生病害，导致果实品质、贮藏性下降，因此在增施有机肥、磷钾肥、微量元素肥的同时，适当减少氮肥的用量，既可提高水果抗性、改善果实品质，又可减少病害的发生。

（3）选择抗病性强的品种栽植。

2. 生态措施

室内湿度大，是棚室水果病害严重发生的主要原因之一，采用地面覆膜、覆草等措施，对减少土壤水分的蒸发、降低室内空气湿度、抑制病害的发生有明显的效果。

3. 化学措施

（1）熏蒸法　在病害发生初期，每亩每次用10%百菌清烟雾片剂500g或45%百菌清烟雾剂250g点燃熏蒸。

（2）粉尘法　在病害发生初期，每亩用1kg 10%百菌清复合粉剂，在早晨或傍晚喷粉，可对多种病害有控制作用。

（3）喷雾法　棚室水果生产中常发生的虫害有蚜虫、螨类，当害虫发生时可喷10%吡虫啉3000倍液+1.8%阿维菌素3000倍液防治。

九、适期揭膜

棚室栽培水果的揭膜工作对来年生产影响较大，要注意正确操作。揭膜前应先经过3～5天的放风锻炼，使远离风口处的植株适应性提高，然后再揭膜，揭膜当天若风和日丽、气温稳定且较高时，可以揭去部分覆膜，夜间必须重新覆盖，以免造成冻害；揭膜不可过急，过急易导致“闪苗”现象发生，造成放风口处的植株出现不同程度的黄化，影响植株的正常生长，花芽分化质量差，贮藏营养水平低，不利翌年生产的进行。

十、棚室水果采后越夏期管理

棚室水果采果后管理与露地栽培有较大差别，主要表现在：棚室水果采后要进行更新修剪，以培育新的结果枝，水果在棚室内形成的枝段不能进行正常的花芽分化，所以在采果后要进行更新修剪，可对80%以上的新梢重截或枝组回缩，促发新梢；疏除徒长枝、生长过旺的枝、过密枝、交叉枝；在重截后剪口芽萌发时，注意抹芽，择优留枝；在6～8月份对新梢进行摘心，过旺新梢拉枝开角。缓和长势，树体喷施200倍液的15%多效唑或PBO，控制枝梢生长，促生短枝和花束状果枝，促使形成优质花芽；在更新修剪后，会陆续发生大量新梢，疏枝工作必须跟上，以改善树体的通透性，应每15天进行一次，持续3次左右。

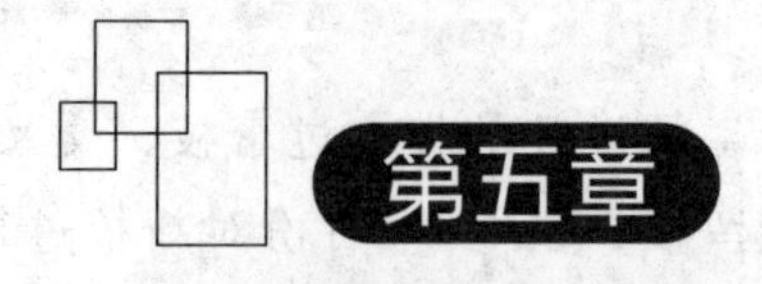

第五章 不同水果棚室促成栽培技术

第一节　草莓棚室促成栽培技术

一、温室草莓高效生产措施

草莓需冷量少、休眠浅、植株矮小、繁殖能力强，适宜温室促成栽培。采用地面黑膜覆盖温室双层覆盖栽培（图 5-1、图 5-2）有利于提高产量，促进早上市，生产效益可观。根据生产经验，以下措施有利促进草莓生产效益的提高。

图 5-1　温室草莓双层覆盖栽培（一）

1. 选择良种

草莓品种不同，性状各异，生产能力差别很大，成熟期也是不一样的，草莓生产的效益，取决于产量的高低和成熟的迟早，特别是在促成栽培中，提前上市、提高售价是提高效益的有效途径之一。在采用双层覆盖促成栽培

图 5-2　温室草莓双层覆盖栽培（二）

中应选择耐高温弱光、不徒长、休眠期短、成熟期早、坐果率高、果型大、鲜食风味好、植株发育正常、花芽分化好、果实品质优良、抗病性强、耐贮运且在温室表现生长快、抗衰老的品种栽培，生产中表现好的有巨丰、巨星、早美光、幸香、瑞星、春旭、优特来、美思、吐德拉、早烁、红颜、明星、宝交早生、丰香、明宝、鬼怒甘、章姬等。

2. 苗木繁育

繁育壮苗是草莓促成栽培高效生产的基础，在生产中应切实抓好关键措施的落实，以培育壮苗。草莓壮苗的标准是至少有 3 片真叶 1 片心叶，根系发达，有 5 条长 5cm 左右的根系，植株粗壮，茎粗达到 5～6mm。为培育出符合上述标准的壮苗，必须做到：

（1）适期繁殖，保证幼苗有充足的生长时间　双层覆盖促成栽培，草莓对苗子大小要求严格，苗子过大，则根系老化，栽植成活率低；苗子过小，不利花芽分化进行，影响当年产量。因而双层覆盖促成栽培草莓所用苗以 7 月中下旬繁育较适宜。在露地草莓采果结束后，选择品种纯正、生长健壮、无病虫害、茎粗 1cm 以上、根系发达的母株栽植，这种母株本身贮存的养分多，栽后易缓苗，繁殖能力强，有利多出苗、出壮苗。

（2）选择育苗地，耕翻施肥，培肥地力，为幼苗健壮生长打好基础　繁殖草莓苗的地块应 5 年内没有种植过草莓，要求土层深厚、土质肥沃、有一定的灌排能力，在前作收获后要及时耕翻，创造疏松的土壤条件，以利根系生长，深翻深度 25～30cm。结合耕翻，每亩施入 3000kg 左右优质有机肥、

30kg 左右磷酸二铵，增加土壤养分供给，以利幼苗健壮生长。在施肥深翻后，整成 200cm 宽的平畦，进行畦栽。

（3）母株定植　繁殖苗子的草莓母株应稀栽，以保证幼苗生长有充足的营养面积，促进幼苗健壮生长。一般按 50cm×100cm 的株行距栽植，栽植时每株留 4～5 片真叶，摘除其他的老化叶，每畦栽 2 行，栽植深度总体上要求达到“浅不露根、深不埋心、深度适宜”。

（4）强化管理，促进幼苗健壮生长　草莓繁殖苗子时，对植株的生长要进行合理调整，要抑制生殖生长，促进营养生长，以利产生匍匐茎，加大繁殖系数。在生产中采用的主要措施有：

① 选择健壮母株栽植，繁殖过程中应及时摘除老叶、病叶等光合能力低下的叶片，对于植株上出现的花蕾要及时摘除，以减少养分消耗。

② 要注意促进匍匐茎生长。一般母株生长健壮，体内养分多，则分生匍匐茎的能力强，因而在母株产生匍匐茎时应及时进行营养补充，每亩施尿素 15kg 左右，每 7～10 天喷一次 0.3%尿素+0.2%磷酸二氢钾，保证母株健壮生长；每亩用 1g 75%赤霉素（920）加水 50kg 喷施，促进匍匐茎的发生和生长。在匍匐茎落地后，及时在落地处培土，以利幼苗扎根，经常保持苗床内湿润但不积水，在幼苗生长过程中，要注意遮阴，以利幼苗产生和生长；在幼苗生长过程中要及时中耕除草，减少其对土壤养分和水分的消耗。

③ 苗期应加强对灰霉病、白粉病、蚜虫、地下害虫的防治，白粉病可用 25%粉锈宁 300 倍液防治，灰霉病发生时喷 50%速克宁 800 倍液或 50%的多菌灵 500 倍液防治，蚜虫发生时喷 50%抗蚜威 1500 倍液防治，地下害虫发生时用 2000 倍 50%辛硫磷液浇根。8 月中下旬，选择有 4～5 片绿叶、根茎粗 6～10mm 的壮苗移植断根，刺激产生新根，以形成强大根群，提高植株的吸收能力。

3. 适期栽植

（1）栽前处理

① 杀菌。双层覆盖栽培草莓在栽前应进行高温闷棚杀菌，以减轻病虫害的发生，一般闷棚在 8 月中下旬进行，此期闷棚温度高、效果好。

② 耕翻施肥。在闷棚前或闷棚期间，应对温室土壤进行深翻施肥，促使土壤熟化，改善土壤理化性状。草莓生长时间短，生长量大，对土壤养分消耗多，栽培中应注意创造疏松肥沃的土壤条件，以促进植株健壮生长，提

高结实能力。栽前对土壤深翻30cm左右，结合深翻土壤，每亩施入优质有机肥3000kg左右，磷酸二铵30kg左右，硫酸钾30kg左右作底肥。

③ 加强地下害虫的防治。草莓生产中，地下害虫危害严重，常造成缺苗断垄，不利产量提高，栽培中应加强防治。施用的肥料要充分腐熟，栽前用毒土毒杀地下害虫，以保证苗齐苗壮。一般每亩用48%毒死蜱100g拌细土30kg施入土壤，可有效防治蝼蛄、地老虎、金针虫等地下害虫。

④ 高垄覆盖栽植。9月中旬进行栽植，栽前揭掉棚膜，将地南北起垄栽培，根据草莓品种植株的大小确定垄面宽度和高度，一般垄面宽50～70cm，垄沟宽20～25cm，垄高15～25cm。垄做好后，用80cm宽的黑色地膜覆盖垄面，以保持土壤湿度，控制空气湿度，优化栽培环境；抑制杂草生长，减少田间用工，节约生产成本；在果实生长过程中黑膜起垫果作用，防止果实与土壤直接接触出现污染，保证果实洁净。草莓植株矮小，生产中需水量不大，但需持续均衡供给水分，有储水池的温室，在铺黑膜前铺设滴灌管，利用膜下滴灌措施供给水分。

(2) 壮苗栽植　草莓对栽植苗的质量要求严格，苗过小时，花芽分化迟、质量差，不利于产量的提高。苗过大时，叶老化，叶面积大，蒸腾作用强，不利缓苗，也影响花芽质量。因而栽植时一定要选择根系强大、新根多、茎粗1.0cm以上、有5片叶展开、苗高15cm以上、根长5cm以上、地茎粗0.5以上的健壮苗子，以提高建园质量。

(3) 适度密植　每垄栽2行，行距20～25cm，株距17～20cm，每亩栽植8000～10000株，栽植前最好用5～10mg/L的萘乙酸或萘乙酸钠溶液浸根3～5h，以提高成活率。栽时应掌握新茎的弓背保持方向一致，栽植深度适宜，应做到深不埋心，浅不露根，及时浇定苗水，待水渗下后，用行间土封口，用土将膜压严，以利缓苗，保证苗齐苗壮。

(4) 栽后缓苗期管理　栽后温室上覆盖遮阳网遮阴，有滴灌管的每天上午10时以前、下午4时以后分别滴灌一次，没有滴灌管的用喷壶向垄上喷水，直至草莓苗立起为止，以保湿、降低地温，以利缓苗。

4. 栽后管理

(1) 蹲苗　在草莓苗成活后应控制肥水供给，进行蹲苗，防止植株徒长，以利花芽分化的顺利进行。

(2) 促进花芽分化　草莓花芽分化需要较低温度和短日照的环境条件，

可在遮阳网上加盖苫帘，通过揭盖苫帘，创造短日照和较低温度的环境条件，促进花芽分化，一般需处理一个月左右的时间。也可用黑膜覆盖，每天将日照时间控制在8h以下，连续15天即形成花芽。到9月下旬，每7～10天喷一次0.3%～0.5%的磷酸二氢钾溶液，进行营养补充，促进花芽分化。

在植株恢复正常生长后应喷一次5～8mg/L的赤霉素，以促进花芽分化。赤霉素在温室草莓生产中是不可缺少的，喷用后有打破休眠、促进营养生长和提早现蕾开花的作用，在低温时喷施可起到长日照作用，一般在扣棚后新叶长出2～3片，花序刚要露出时喷用正适时，效果好。喷施过早会导致无花粉，过晚会导致叶柄加长。赤霉素不溶于水，在喷施时可先用少量酒精或高浓度白酒溶解再兑水喷用。一天中在下午14时开始喷用，15时前结束。喷时重点喷心叶和花序，不要重喷、漏喷。喷后不要通风。

(3) 环境调控　温室栽培草莓对扣棚时间要求较严格，如果扣棚太早，室内温度高，不利于草莓花芽分化；扣棚过晚，植株进入休眠状态，表现矮化、不能正常生长结果。一般温度在5℃以下草莓进入休眠，夜间6～7℃时为扣棚保温临界温度。通常当外界气温降到8℃左右时（大约在10月上中旬）开始扣棚保温，扣棚时应注意选择绿色环保的PVC无滴膜覆盖，为了防止草莓进入休眠，扣棚初期一般白天温度控制在28～30℃，夜间温度控制在8～12℃，室内空气相对湿度控制在90%。在开花期温度白天控制在22～25℃，夜间控制在10℃左右，以利授粉和坐果。花期空气湿度小有利授粉和坐果，此期应将空气湿度控制在40%左右，花期空气湿度过大时花粉粒弹不出，会造成受精不良，畸形果增多。坐果期温度白天控制在20～25℃，夜间控制在8℃以上，空气相对湿度控制在60%～70%。草帘或保温被要早揭晚盖，延长光照时间，连续阴雨天，晚间可用灯光补光，促进光合作用进行，以利产量提高。果实膨大期在高温条件下果实成熟早，但果小，低温条件下果实成熟晚，但果个较大。夜温低有利于养分积累，促进果实增大，夜间温度在10℃以上时植株消耗的养分多，果实膨大受影响。从果实着色到收获，温室内的温度低一点也无妨，白天保持20～22℃，夜间5～8℃即可。夜间温度不能低于5℃，也不能高于12℃，当夜间温度高于12℃时，虽然会使果实加快成熟，但小果率增加，草莓品质变差。

(4) 植株管理　扣棚前1～2天，要重摘老叶，一般每株留4～5片叶即可。草莓植株生长快，叶片更新能力强，摘除老叶是日常工作之一，一般每采完一茬果，就要清除一次老叶和果柄，摘除病叶，掐除多余侧芽，摘除匍匐茎，减少营养消耗。花期注意疏花疏果，温室草莓抽出多个花序时，一般只留1～2个花序，其余的一律除掉，但有的植株长势旺、主芽未形成花，可留1～2个侧花芽。疏花时应疏除易出现雌性不育的高级次花，疏除小花序及花序上的小边花，每个花序留5～10朵花；疏果时应疏除病果、小果及畸形果，每花序留3～5果，以提高果实的商品性。

（5）追肥浇水　在有2片新叶展开时，每亩追施氮磷钾三元复合肥10kg左右。视土壤墒情进行浇水，保持土壤湿润。在花现蕾时，每亩施磷酸二铵20kg左右、硫酸钾20kg左右，保证植株健壮生长，提高结实能力。追肥后浇水，提高肥料吸收利用率。每7～10天喷一次0.3%尿素+0.3%～0.5%磷酸二氢钾，补充植株营养，促进生长，提高结实能力。抽生花序至开花坐果后，需水量逐渐增大，应适当增加浇水次数和浇水量，以满足植株生长结果对水分的需要。到了盛果期，需肥量大，要看植株的长势确定施肥量，一般每亩施磷酸二铵4kg、尿素4kg左右。没有滴灌设施的棚室，将肥料均匀地撒在垄沟内，然后浇水；有滴灌设施的棚室，可将4kg磷酸二铵加水50kg浸泡20h以上，过滤后的滤液加入1%～2%的尿素，通过滴灌管渗入土中。在草莓结果期可追肥2～3次。在采完第一茬果后，每亩施速溶性氮磷钾三元复合肥10kg左右，进行补养，以后每采一茬果，追一次肥。

（6）辅助授粉　温室内湿度较大，昆虫数量少，不利于授粉受精的完成，影响坐果，生产中要加强辅助授粉，以提高坐果率。常用的方法主要有在花期温室内放养蜜蜂和人工辅助授粉。用蜜蜂授粉时，在开花前5～6天，每棚放养蜜蜂一箱，蜂箱放在棚中间靠北边，离地30cm高处，以免蜜蜂受潮得病。一般蜜蜂在8℃以上开始活动，如蜂在箱中不愿飞出，可在蜂箱出口用小盘装少量20%糖水，同时在附近的草莓上喷少量糖水，引诱蜜蜂活动，促进授粉。放蜂后，应注意将放风口用纱布或纱网罩住，防止蜜蜂飞出棚外，温室内不能再施农药，防止伤害蜜蜂。在没有蜜蜂的情况下，花期用鸡毛掸子在草莓花上滚动，帮助授粉；也可在温室内放养壁蜂，提高授粉率。可以用1g赤霉素加水180kg喷洒植株，提高结实能力。

（7）主要病虫害防治　温室栽培中，由于环境高温高湿，病虫害发生较重，对生产危害较大，常成为生产效益提高的主要制约因素。草莓双层覆盖促成栽培中的主要病虫有草莓白粉病、草莓灰霉病、草莓炭疽病、草莓根腐病、草莓枯萎病、草莓芽枯病、草莓褐色轮斑病、草莓褐斑病、螨类、蚜虫、白粉虱、地下害虫等。生产中应根据病虫的实际发生情况，进行针对性的防治，以控制其危害。

在具体防治时，要求坚持“预防为主、防治结合”，综合利用物理、农业、生物、化学的方法，多措并举，以提高防效。生产中要避免草莓连作，以降低病虫害的发病概率；严格控制田间温湿度，以抑制病虫的发生；栽前用高温闷棚的方法杀菌，以减轻病害的发生；利用悬挂黄板的方法诱集蚜虫和白粉虱，控制其危害。生产中尽可能地选用生物农药防治病虫害，以提高草莓的食用安全性。晴天用喷雾法控制病虫害，阴天注意用烟雾法控制，在采前15～20天停止用药，以减少果实中农药的残留。

在10月中旬，如果温室草莓叶背面长出薄薄的白色菌丝层，叶片向上卷曲呈汤匙状，出现红褐色病斑，叶缘萎缩至焦枯；花呈粉红色，花蕾不能开放；果实表面出现白色粉状物、失去光泽、着色变差等白粉病症状时，要及时摘除老病叶、病果，带出温室深埋，以减少侵染源。傍晚温室盖苫密闭后，将2%醚菌酯烟剂或20%百菌清烟剂按温室长度每10m均匀摆放1枚，摆放时注意顺垄沟摆放，由里向外依次点燃，人撤出温室后密闭温室，进行熏烟防治；叶面可喷50%多菌灵1000倍液或喷70%甲基托布津（又称甲基硫菌灵）1000倍液、50%醚菌酯3000倍液，以控制危害。

2～5月份，每亩用20%速克灵烟剂80～100g或20%百菌清烟剂熏蒸防治灰霉病、芽枯病、褐斑病、枯萎病等病害。灰霉病发生严重时可选用50%农利灵可湿性粉剂800倍液或50%速克灵可湿性粉剂1000倍液、50%扑海因可湿性粉剂1500倍液交替喷防；炭疽病发生严重时可选用40%福星8000倍液或2%武夷菌素水剂200倍液喷防；根腐病、枯萎病发生严重时可在发病初期用50%代森锰锌可湿性粉剂800倍液或50%多菌灵可湿性粉剂600倍液喷防；芽枯病从显蕾开始，用10%多抗霉素可湿性粉剂500～600倍液喷防；田间发现轮斑病、褐斑病时用2%农抗120水剂200倍液或40%多·硫悬浮剂500倍液喷防。

有蚜虫危害时，可喷1%苦参碱800倍液或10%吡虫啉可湿性粉剂1500倍液、1.8%阿维菌素3000倍液防治；有螨类危害时可喷1%甲氨基阿维菌素苯甲酸盐乳油2000～3000倍液防治；白粉虱可用25%噻嗪酮可湿性粉剂

2500倍液或20%绿色功夫4000倍液喷防。

5. 采收果实

草莓开花后15天进入果实膨大期，到成熟需40天左右，通常在12月成熟上市，草莓果实成熟很不一致，采收期较长，应随熟随采。可根据果实色泽的变化，判断成熟情况，草莓果面初为绿色，快成熟时逐渐发白，接着受光面开始着色，成熟时转为橙红色至深红色。采收时应据品种及用途确定适宜采收期，采前用0.1%～0.2%的氯化钙溶液喷施果实，可抑制草莓软化，增加贮藏时间。草莓不耐贮，最好在八至九成熟时采收，每天应在上午10时前后及下午4时后采摘，采收时应将果柄剪短，防止扎破其他果实，应轻拿轻放。草莓不耐贮，应随采随卖，防止采收过早，出现烂果损失。盛果初期1～2天采一次，盛果期每天采一次。

二、温室草莓周年管理历

时间	管理措施
8月	①断根移植:在8月中下旬,选择有4～5片绿叶,根茎粗6～10mm的壮苗移植断根,刺激产生新根,以形成强大的根系,提高植株的吸收能力 ②中耕除草:通过中耕,以疏松土壤,促进幼苗扎根生长;减少杂草对土壤养分水分的消耗 ③及时浇水:保持苗床湿润,促进幼苗生长 ④深翻温室土壤:通过深翻,曝晒土壤,进行土壤消毒,促使土壤熟化,改善土壤理化性状
9月	①栽前准备:定植前温室土壤每亩施有机肥3000kg左右,磷酸二铵30kg,硫酸钾30kg作底肥,将肥料均匀撒施,然后耕翻,再南北起垄,垄高15～25cm、垄面宽50～70cm、垄沟宽20～25cm ②栽植:栽前摘除老叶、病叶,选择根茎粗0.5cm以上、有三叶一心、根系健壮的苗子,每垄栽植2行,行距25cm左右,株距17～20cm,每亩栽8000～10000株,栽时应注意栽植深度适宜,应做到深不埋心、浅不露根 ③栽后管理:栽后应立即浇水,以利缓苗,保证苗齐苗壮。在成活后应控制肥水供给,进行蹲苗,防止植株徒长,以利花芽分化的顺利进行 ④促进花芽分化:每7～10天喷一次0.3%～0.5%的磷酸二氢钾,进行营养补充,促进花芽分化
10月	①中耕:要及时进行中耕松土,促使根系下扎 ②覆膜:先将膜一端用土固定,然后将膜顺垄拉展,遇到苗子用刀片划口放苗,膜两边用土压实,一方面保墒提温,另一方面可起到垫果的作用,保证果实洁净,进行无公害化生产 ③保温:当自然气温降到8℃左右时,开始扣棚保温。为了防止草莓进入休眠,扣棚初期一般白天温度控制在28～30℃,夜间温度控制在8～12℃,室内空气相对湿度控制在90% ④激素处理,促使花芽分化,为坐果打好基础:在植株恢复正常生长后喷一次5～8mg/L的赤霉素,促使花芽分化

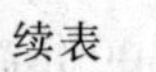
续表

时间	管理措施
11月	①降低温度，以利授粉受精，提高坐果率：在开花期温度白天控制在22～25℃，夜间控制在10℃左右，以利授粉和坐果 ②通风排湿：相对干燥的空气有利授粉和坐果，此期应将空气相对湿度控制在40%左右 ③植株管理：摘除老叶、病叶，掐除多余侧芽，摘除匍匐茎 ④防病：喷50%多菌灵1000倍液，防治白粉病 ⑤肥水管理：在花现蕾时，每亩温室施磷酸二铵20kg左右、硫酸钾20kg左右，保证植株健壮生长，提高结实能力。追肥后浇水，提高肥料吸收利用率 ⑥加强人工授粉：花期用鸡毛掸子在草莓花上滚动，帮助授粉；也可在温室内放养壁蜂，提高授粉率 ⑦喷激素：用1g赤霉素加水180kg喷洒植株，提高结实能力
12月	①环境管理：温度白天控制在20～25℃，夜间控制在8℃以上，空气相对湿度控制在60%～70% ②疏花疏果：疏花时应疏除易出现雌性不育的高级次花；疏果时应疏除病果、小果及畸形果，每花序留3～5个果，以提高果实的商品性 ③防病虫：喷70%甲基托布津1000倍液防治病害，喷20%绿色功夫4000倍液防治虫害，保证植株健壮生长，提高结实能力 ④叶面补肥：每7～10天喷一次0.3%尿素+(0.3%～0.5%)磷酸二氢钾，补充植株营养，促进生长，提高结实能力
1月	①浇水：室内墒情差时在畦沟间浇水，浇后在中午高温时及时通风排湿，控制室内湿度 ②追肥：随水每亩施磷酸二铵10kg，促进植株健壮生长，增加物质积累，提高产量 ③增加光照：草帘或保温被要早揭晚盖，延长光照时间，连续阴雨天，晚间可用灯光补光，促进光合作用进行，以利产量提高 ④加强病害防治：要及时摘除老叶、病叶
2月	①采收果实：采收时应将果柄剪短，防止扎破其他果实，应轻拿轻放，草莓不耐贮，应随采随卖，防止采收过早，出现烂果损失 ②摘叶：摘除老叶、病叶等光合能力低下的叶片，减少养分的无效消耗
3月	①继续采收果实：草莓果实成熟很不一致，采收期较长，应随熟随采 ②育苗：按每亩温室准备200m^2苗圃地的标准整修苗圃，苗圃地要选择5年内没有种过草莓、土质疏松肥沃的地块，在土壤解冻后及时耙耱保墒
4月	①继续采收果实 ②苗圃地施肥整地：每亩温室施充分腐熟有机肥1500～2000kg，磷酸二铵30kg作底肥，将肥料均匀撒施地表，然后耕翻，翻深25cm左右，整成宽2m、长按温室而定的小畦 ③防治地下害虫：在翻地前每亩温室撒施50%辛硫磷100g加细土30kg，杀灭土壤中的蛴螬、蝼蛄、金针虫、地老虎等
5月	①继续采收果实 ②清园：在采果结束后，拔除草莓苗，清除落叶 ③深翻土壤：在清园后要及时对温室内土壤进行耕翻，以熟化土壤，改善土壤的理化性状 ④育苗定植：选择品种纯正，无病虫危害，根系健壮，茎粗1cm以上，有4～5片叶子的母株，按1m×0.5m的株行距定植，定植后及时浇水，以利根土密接，提高成活率 ⑤培育壮苗：定植苗在成活后，要及时摘除老叶、病叶、花蕾，松土除草，以利幼苗健壮生长 ⑥促进匍匐茎生长：匍匐茎的生长状况，直接关系所繁殖苗的质量，因而在母株分生匍匐茎时应及时补养，每亩地施尿素15kg左右，每7～10天喷一次0.3%尿素+0.5%磷酸二氢钾

续表

时间	管理措施
6月	①促幼苗扎根:在匍匐茎落地后,应及时于落地处培土,经常保持圃内土壤湿润但不积水,以利幼苗扎根 ②加强地下病虫害防治:地下害虫可用50%辛硫磷2000倍液灌根,叶部喷50%速克宁800倍液保叶 ③铲除杂草:减少土壤养分水分的无效消耗
7月	①浇水:保持苗床湿润,防止干旱影响幼苗生长 ②遮阴:在连续高温的情况下,可用遮阳网遮阴,保证幼苗健壮生长

第二节 棚室桃促成栽培技术

一、温室桃树高效生产措施

1. 棚室栽培桃树促成栽培建园注意事项

棚室栽培是水果高效栽培的主要途径之一，桃是棚室栽培的主要适栽树种之一（图5-3），特别是油桃生产效益特佳（图5-4）。建园是棚室栽培的基础，根据生产经验，在棚室桃树生产中建园时应注意以下事项，以提高建园质量。

图5-3 温室桃结果状

（1）选择适栽品种 棚室桃促成栽培时，应选择早熟品种，以利提早成

图 5-4 温室油桃结果状

熟，抢占市场，提高生产效益。生产中应用较多的品种有春蕾、雨花露、麦香、早香玉、庆丰、五月火、早美光、早红露、华光、艳光、中油 5 号、瑞光 3 号、秦光 2 号等，在栽培油桃时，品种选择上要适应国人的消费特点，以甜味白肉品种为主。

(2) 适度密植　棚室内的桃树应南北成行定植，充分利用光照。在建园当年，棚室桃的产量与光合面积呈正相关，枝叶量多，光合面积大，则产量高，因而要注意密植栽培，定植时可按 1m×1.5m 的株行距栽植，每亩栽 444 株左右，以有效地增加光合面积，促进当年产量的提高。

(3) 早定植　为了促进栽植当年结果，应尽早定植，以利花芽形成。一般在 3～4 月栽植，6～8 月控制生长，缓和枝条长势，促进成花，11 月扣棚，即可保证春节前后开花，实现当年扣棚、当年结果的目标，生产效益相当可观。

(4) 定植时以芽苗为主，以便促进成活，控制树高　芽苗栽植由于地上部生长量少，栽植后缓苗快，有利提高成活率；再者可有效地控制树体高度。一般多在发芽后苗高 30cm 左右时摘心，限制生长高度，促使植株增粗，分生侧枝，形成树冠，所发的新枝在 60cm 长时再摘心，以缓和枝条的长势，增加枝条中养分积累，促进成花。

(5) 建园前要深翻土壤，施足有机肥　土壤是桃树生长的基础，肥料是桃产量形成的物质保障。在建造棚室时应注意保留表土，用生土筑墙，建成后表土还原，并对栽植行进行深翻，挖深宽各1m的定植沟，挖时表土与心土分置，回填时先填表土，再填作物秸秆，最后用表土将沟填平，结合填沟，每亩施入充分腐熟的优质农家肥4000～5000kg作底肥。

(6) 定植前后加强水分管理　土壤墒情直接影响桃树的成活率，定植时土壤墒情要好，最好在栽植前10～15天对棚室内土壤浇一次透水，在栽植后应立即浇一次缓苗水。

(7) 注意配置授粉品种　虽然桃树自花结实能力较强，但异花授粉更有利产量和品质的提高，因而在建园时最好用两个花期相遇、商品价值高的品种混栽。

2. 适期扣棚

桃的需冷量为500～1000h，生产中应根据所栽植桃品种的具体需冷量、结合棚室类型及外界气温的高低、鲜果准备上市时间的早晚，确定合理的扣棚时间。一般需冷量少的品种、保温性能好的温室，只要气温降下来，就可扣棚促进休眠；而需冷量多的品种、保温性较差的简易温室，扣棚相应晚些。保温性好的温室栽培中晚熟品种时，如要提早扣棚，需采用人工措施，破除休眠。通常采用强制休眠的方法，具体方法：11月初，对需进行强制休眠的树体进行人工落叶，棚室覆盖棚膜和苫帘，保持全天通风，苫帘昼盖夜揭，使室内温度提前降到7.2℃以下。空气相对湿度保持在80%～90%。

3. 扣棚后的管理

(1) 逐步升温　扣棚后升温太快，会导致地上部与地下部生长不协调，根系生长滞后于枝梢，引起枝梢旺长，不利坐果，加重早期落果，因而应注意分段升温。通过半个月左右时间将温度升至白天10～28℃，夜间3～5℃，具体方法应通过拉盖苫帘进行调节，一般扣棚初期先在白天拉起1/3苫帘，使室内昼夜温度保持在6～8℃，3～4天后再拉起1/2的苫帘，使室内昼夜温度保持在10～15℃，4～6天后，全天拉起苫帘，以后根据棚内温度进行调控，当温度接近桃适宜生长温度的最高限时，要及时放风。

(2) 防止高温危害　在正常升温后，温度应控制在5～28℃。花期温度白天控制在22～24℃，夜间控制在10～12℃，要严防32℃以上高温的出现，防止花器受损，幼果生长受阻，落果加重，导致种植失败。在果实生长期温度应控制在22～28℃，最低应在15℃以上，防止高温导致果实变软，影响果实的商品性。

(3) 加强花果管理，提高果实的商品性

① 加强授粉，提高坐果率。有条件的在温室内放蜂，完成授粉；没有条件的要加强人工授粉，在花期用鸡毛掸子在花上滚动，就可达到理想的效果。

② 疏花疏果。花果疏除量应按枝长势强弱而定，一般分两次进行，花蕾期先疏小蕾、小花，在生理落果后，按长果枝留3～5果，中果枝留2～3果，短果枝留1～2果，花束状果枝留1果的标准留果。

③ 果实套袋。定果后及时套袋，3月下旬至4月初摘袋。

④ 促进果实着色。摘袋后摘除果实周围的贴果挡光叶，并分次轻轻地旋转果实，促进果实全面着色。地面覆反光膜，后墙悬挂反光幕，改善光照条件，促进果实着色。

⑤ 撑枝。对于结果较多、下垂的枝进行撑枝，防止果实落地生长。

(4) 保持良好的透光性　棚室栽培桃由于种植密度大，极易出现郁闭，加之有棚膜覆盖影响，生产中光照不足是普遍存在的问题，保证园内良好的通透性，应是管理的重点内容之一，生产中应重点抓好以下措施的落实：

① 在扣棚后认真修剪，做好枝梢调配，保证树体层次分明，最大限度地利用光能，增强光合作用，促进产量提高。栽植的第一年修剪时应以保花为主，重点疏除过密枝、细弱枝、徒长枝，长果枝、徒长性果枝剪到饱满花芽处，中短枝不剪。第二年以后重点整形，疏除过密枝、细弱枝、过粗枝、直立枝，保留直径0.5～0.8cm的优良果枝，长果枝留6～10个花芽约15～25cm长短截，徒长性果枝留10～12个花芽短截，中短果枝留4～8个花芽于距基部10～20cm处短截，剪口下要有叶芽，短果枝不剪，回缩中心干和主枝上下垂的枝组，控制上强生长。花芽膨大期疏除或回缩无花枝，花量大的树短截过长花枝至饱满芽处。

② 采用PVC无滴膜覆盖，经常清扫棚面，保持棚面洁净，提高透光率。

(5) 及时追肥，保证营养供给　温室桃树在现蕾前、坐果后、果实膨大期需肥量大，要适时追肥进行营养补充，以满足快速生长对养分的需求，最好应用水溶性肥料，通过滴灌系统进行肥水一体化补充，以降低劳动强度、提高劳动效率、提高肥料的利用率。施肥量多少应综合考虑树体大小、结果多少、树势强弱、肥料养分含量的高低等因素灵活掌握，所施的水溶性肥料氮磷钾养分含量要均衡，防止氮肥含量过高，导致枝梢徒长，影响坐果。如土施追肥，应每次施用氮磷钾三元复合肥10～15kg，施后要及时浇水，以促进植株吸收。

（6）控制湿度 温室内空气湿度对生产影响较大，湿度较大时，枝梢易徒长，不利坐果，还会导致植物病害加重，因而生产中要注意控制温室的空气湿度，适当保持相对干燥的条件，以利桃树生长结果。生产中应做好地面覆盖，在扣棚后，用黑色地膜对栽植行进行覆盖，以保墒控湿，抑制杂草生长。在扣棚后，要正确应用通风，合理调控室内湿度，开花前保持空气相对湿度在70%～80%，花期保持空气相对湿度在50%～60%，果实生长期保持在60%左右。要经常保持土壤湿润，防止土壤忽干忽湿现象的出现，以减少裂果的发生。

（7）增施二氧化碳 二氧化碳是桃树进行光合作用的主要原料，缺乏二氧化碳，会影响桃树光合作用的进行，不利于果实产量和品质的提高。而桃树在温室栽培条件下，由于环境密闭，二氧化碳得不到及时补充，通常处于贫乏状态，因而补充二氧化碳很有必要。生产中最有效的方法为：增施固体二氧化碳气肥，一般每亩用固体二氧化碳气肥30～40kg，在坐果后，于树行间开深5cm左右的沟，将固体二氧化碳气肥撒施，浅埋即可，有效期长达90天左右，效果理想。

（8）控制病虫害，减轻危害 病虫危害是温室桃树生产的主要制约因素之一，由于温室内高温高湿与低温低湿的条件交替出现，有利病害的发生。一般桃树在棚室栽培的条件下表现病害重、虫害轻的特点，病害主要以褐斑病、细菌性穿孔病、白粉病等为主，虫害以蚜虫、螨类为主，生产中应加强防治。以上病害可用70%甲基硫菌灵800～1000倍液、10%世高3000倍液、50%多菌灵600倍液交替喷防，细菌性穿孔病发生后可加喷72%农用链霉素3000倍液控制；蚜虫发生时可喷10%吡虫啉可湿性粉剂3000倍液或10%氯噻啉可湿性粉剂5000倍液、3%啶虫脒乳油3000倍液、48%毒死蜱乳油2500倍液进行防治；螨类危害时可喷1%甲氨基阿维菌素乳油3000～5000倍液或15%哒螨灵乳油1000～1500倍液、20%双甲脒乳油1000～2000倍液、1.8%阿维菌素乳油3000倍液防治。

4. 适期揭膜

在晚霜过后揭膜，揭膜前3～5天进行放风锻炼，使远离风口处的植株适应性提高，然后再揭膜。揭膜当天如风和日丽，气温稳定且较高时，可以揭去部分膜，但夜间必须重新盖上，以免温差过大，造成冻害。揭膜不能过急，过急易导致“闪苗”，造成通风口以外的植株出现不同程度的黄化现象，影响植株的正常生长，花芽分化质量差，贮藏营养水平低，不利翌年生产的进行。

5. 加强揭膜后的管理，以保持温室桃树持续高效生产

揭膜后应重点做好以下管理措施：

（1）更新修剪及树体管理　温室栽培桃树时，在扣膜时形成的枝段不能进行正常的花芽分化，只有揭膜后形成的新梢段才能进行花芽分化，因而揭膜后必须对棚内形成的枝段进行更新修剪，以培养新的结果母枝。更新修剪时应注意剪除病虫枝和徒长枝，适度剪截骨干枝的延长梢，其余的新梢在基部留 1 对叶芽进行重短截，促发副梢，形成果枝。

剪后 10 天左右可长出新梢，每个剪口部位留 1 个壮芽，抹除其余芽。

桃树萌芽率高、成枝力强，控制不当易出现郁闭现象，当新梢长到 30cm 左右时摘心，对于过密枝应进行疏除，有空间的直立枝拉平，控制旺长，促进成花。当新梢长 50～60cm 时，对旺长新梢继续摘心，控制新梢的生长，及时清除外围竞争枝、背上直立枝、过密新梢。8 月份对没有停长的新梢再进行摘心，以控制新梢当年的生长。

（2）促进花芽分化　桃树生长量大，7 月开始，每 15 天左右喷一次 15％多效唑可湿性粉剂 200 倍液或 PBO 果树促控剂 300 倍液，控制新梢生长，促进形成花芽。

（3）施基肥　基肥应早施，最好在 9 月中旬施入，此期正值根系生长高峰期，土温高，有利伤根愈合，树体叶面积大，蒸腾作用旺盛，可提高肥料的当季利用率，有利增强树势，增加树体贮藏营养，为花芽分化及翌年开花坐果提供充足的养分，这是棚室水果栽培丰产优质的关键措施之一。一般每亩施用优质农家肥 4000～5000kg 或商品有机肥 500kg 以上，配施过磷酸钙 150kg、尿素 30kg、饼肥 200kg 左右。

（4）中耕除草，疏松土壤　桃树根系好气性强，要保持土壤疏松，在露地生长期应每半个月左右进行一次中耕，以疏松土壤，结合中耕，铲除行间杂草，以集中养分供桃树生长。10 月份雨后对桃园内土壤进行浅耕，并换地膜。

（5）防治病虫　揭膜后霜霉病、褐斑病、细菌性穿孔病、蚜虫、螨类对桃树的危害加重，要加强防治，可用 1.5％阿维菌素 3000 倍液＋50％多菌灵 600～800 倍液喷防，如细菌性穿孔病发生严重时，可加喷 3000 倍液的 72%农用链霉素。

二、温室桃树周年管理历

时间	管理措施
11月	扣棚：桃的需冷量为 500～1000h，生产中应根据所栽植桃品种的具体需冷量、结合棚室类型及外界气温的高低、鲜果准备上市的时间，确定合理的扣棚时间
12月	①升温：注意采用渐进式升温，通过半个月左右时间将温度升至白天 10～28℃，夜间 3～5℃，要防止升温太快，出现气温高、地温低的不协调现象，使树体根系活动及发育滞后于枝梢，出现“先叶后花”的倒序现象，影响树体正常生长。具体升温方法可通过拉盖苫帘进行调节：一般扣棚初期先在白天拉起 1/3 苫帘，使室内昼夜温度保持在 6～8℃，3～4 天后再拉起 1/2 的苫帘，使室内昼夜温度保持在 10～15℃，4～6 天后，全天拉起苫帘，以后根据棚内温度进行调控，当温度接近桃树适宜生长最高限时要及时放风 ②修剪：栽植的第一年修剪时应以保花为主，重点疏除过密枝、细弱枝、徒长枝，长果枝、徒长性果枝剪到饱满花芽处，中短枝不剪。第二年以后重点整形，疏除过密枝、细弱枝、过粗枝、直立枝，保留直径 0.5～0.8cm 的优良果枝，长果枝留 6～10 个花芽短截，徒长性果枝留 10～12 个花芽短截，中短果枝留 4～8 个花芽短截，剪口下要有叶芽，短果枝不剪，回缩中心干和主枝上下垂的枝组，控制上强生长。花芽膨大期疏除或回缩无花枝，花量大的树短截过长花枝至饱满芽处 ③病虫防治：升温后萌芽前树体喷 2～3 波美度石硫合剂，进行清园，为全年的病虫防治打好基础
1月	①浇水：花期湿度高，花粉易吸水破裂而丧失生命力，应视土壤墒情，合理浇水，将土壤相对含水量控制在 70%～80%，浇水时应注意少量多次进行，将空气相对湿度控制在 50%～60%，防止前期湿度过大，引起枝梢旺长，导致落果现象出现 ②温度管理：温室栽培桃树时花期长，一般可持续开花 15～20 天，气温高且稳定时，开花进程快，温度低且变幅大时，开花缓慢。温度影响花粉发芽和花粉管的伸长，影响授粉受精效果，一般在 10～22℃的温度范围内，气温越高，授粉受精效果越好。但温度过高（超过 30℃），易造成花粉败育，花药不开裂，形成畸形花。温度过低，花粉萌芽迟，花粉管伸长缓慢，子房难以受精。元月份是一年中气温最低的季节，提高温度成为管理的重点内容之一，应注意增温、保温，只要不是特别恶劣的天气，白天日出后应尽量揭开苫帘，以吸收太阳热能增温，晚上日落后盖上苫帘保温，减少热量散失，务必使温室内白天温度控制在 10～25℃，夜间温度控制在 5～10℃ ③追肥：每亩施高钾中氮低磷三元复合肥 15～20kg，以满足树体快速生长结果对养分的需求 ④辅助授粉：桃为虫媒花，自花结实率低，温室栽培时，环境中昆虫数量少，多授粉受精不良，影响坐果，应加强辅助授粉，以提高坐果率。具体措施包括以下几项 a. 放养蜜蜂：在开花前 2～3 天，每个温室放养蜜蜂一箱，促进授粉，温室放养蜜蜂时要用纱布或纱网将通风口封上，防止蜜蜂飞出棚外 b. 人工点授：没有放养蜜蜂条件的，可在花期进行人工点授，促进坐果，可用鸡毛掸子在树体花上轻轻滚动，达到授粉的目的 c. 喷肥、喷激素，调配树体营养分配：盛花期喷 0.5%硼砂（酸）+0.5%尿素，提高坐果率，幼旺树在花露红期喷 100 倍液 PBO，坐果后喷 100 倍液的 PBO 或 15%多效唑 120 倍液，抑制新梢生长，提高坐果率 ⑤疏花疏果：花芽膨大期疏除瘦弱、密集的花蕾，初花期疏下部花、留中上部花，疏双花、留单花。花后 2～3 周开始疏果，注意疏除梢头果、过密果，以保证果实充分膨大，同时疏除畸形果，以提高果实商品性 ⑥防病虫：在花露红时喷 10%吡虫啉 3000 倍液＋1.8%阿维菌素 3000 倍液＋70%甲基硫菌灵 800～1000 倍液，防治蚜虫、螨类及病害。落花后喷施 10%吡虫啉 3000 倍液＋10%世高可湿性粉剂 3000 倍液或 10%杀菌优 800 倍液，防治蚜虫、褐腐病、灰霉病等病害

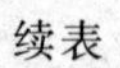
续表

时间	管理措施
2月	①定果：根据果实大小和枝的长势，合理留果，一般徒长性结果枝留 3～5 果，长果枝留 2～4 果，中果枝留 1～3 果，短果枝留 1～2 果，花束状果枝留 1 果 ②套袋：定果后及时套袋，以提高果实商品性 ③温度管理：果实需满足一定的积温条件才能完成发育，2 月份外界气温较低，保温免遭低温冻害仍是管理的关键，同时也应防止中午高温的危害，应将室内温度白天控制在 15～25℃，夜间保持在 8～15℃。以后随气温逐渐升高，中午打开通风窗通风，下午关上，通风时注意在棚膜顶部放风，切忌在底部及距地面 1m 处通风降温。只要土壤不干燥，尽量少浇水，防止地温下降，引起落果 ④补光：随着叶片展开，幼树期桃树对光照特别敏感，此期日照时间短，光合作用不足，呼吸作用旺盛，对树体养分消耗大，易引起落果，生产中要注意补光，增加光照，促进光合作用进行，减少呼吸消耗，防止落果。只要室内温度不低于 0℃，即使阴天，也要揭开苫帘，进行采光。补光一般从新梢发生 4～5 片叶开始，每天从晚上 11 时到次日 1 时左右，补光 2～3h，在阴天最好全天补光，通常每 4m 长温室装一个 60W 的白炽灯就可收到较好的效果 ⑤补充二氧化碳：温室栽培桃树由于环境密闭，植株消耗的二氧化碳得不到及时补充，导致温室内二氧化碳的浓度远远低于外界空气中的浓度，桃树常处于二氧化碳饥饿状态，会严重影响光合作用，限制产量的提高，因而进行二氧化碳的补充很有必要。但二氧化碳补充过早，易引起枝梢旺长，导致营养生长与生殖生长矛盾加剧，出现落果现象，因而一般在坐果后开始补充二氧化碳较适宜。生产中可根据条件采用化学反应或物理方法补充二氧化碳，每天一次，一般在揭苫后半小时，约上午 7～8 时最适宜。化学反应法可用石灰石加盐酸或硫酸加碳酸氢铵反应放出二氧化碳，用石灰石加盐酸产生二氧化碳时，每亩温室准备 50 个盆口直径 40～50cm 的塑料盆，每个盆中放入 400g 左右的石灰石，盐酸与水按 1∶1 的比例稀释后，倒入装有石灰石的塑料盆中，每盆倒入盐酸液 100g 左右，由于稀释盐酸易挥发，要随配随用。用硫酸加碳酸氢铵产生二氧化碳时，每亩准备 40 个左右、盆口直径 40cm 左右的塑料盆，将盆均匀摆入室内，将硫酸与水按 1∶3 的比例稀释，即将浓硫酸缓慢地倒入水中，搅拌均匀，切忌将水倒入硫酸中，每盆倒入稀释硫酸 100g，每天早晨加 90g 碳酸氢铵，一般加一次硫酸可加 3 日碳酸氢铵用。有条件的可采用燃烧沼气或直接应用二氧化碳发生器补充，其中二氧化碳发生器具有结构简单、使用安全方便、经久耐用、产气量多、纯度高、无污染、投资少、使用寿命长的特点。二氧化碳发生器有燃油装置，燃烧丙烷气、天然气装置，其中应用较多的是通过燃烧丙烷气提供二氧化碳 ⑥浇水：随着枝条展叶，树体蒸腾作用加强，对水分消耗量增加，要适时浇水补充土壤水分。温室桃生产中应尽量采用膜下滴灌技术，坚持少量多次补水，保持土壤湿润、空气相对干燥，以利于树生长，减轻病害的发生。同时应尽可能地将空气相对湿度保持在 50%～60%
3月	①继续补光 ②温度管理：随着外界气温升高，要加大通风量，延长通风时间，将室内温度白天控制在 15～25℃，夜间控制在 10℃左右 ③水分管理：植株进入旺盛生长期，叶面积大，水分蒸发量增加，应注意适时适量浇水，坚持少量多次浇水原则，经常保持土壤湿润，空气湿度要小于 60% ④继续补充二氧化碳：随着白天时间变长，补充二氧化碳时间应提前，一般在早晨 6～7 时为宜 ⑤补肥：据树大小和结果的多少，每株开沟追施氮磷钾三元复合肥 0.6～1kg，促进果实膨大，提高产量。也可用水溶肥随滴灌进行营养补充，以满足果实膨大对养分的需求 ⑥枝梢管理：3 月上旬当枝梢长至 4～5cm 时，喷一次 200 倍的 15%多效唑，控制新梢生长，促进幼果膨大。当枝梢长至 13cm 左右时，留 10cm 左右摘心，并注意疏除背上枝、密挤枝、双芽枝、三芽梢

续表

时间	管理措施
4月	①温度调控：随外界气温升高，要加强通风管理，一般到4月中旬，晚上不再盖苫帘，此期将室内温度白天控制在15～18℃，夜间控制在10℃左右 ②肥水管理：4月上旬果实进入硬核期，株施尿素100g左右，补充营养，均衡供水，防止土壤忽干忽湿，导致裂果数量增加，要经常保持土壤湿润，空气相对湿度应控制在60%以下 ③继续补光：补光时间可相应缩短，每天补充1～2h即可。到4月中旬后，随日照时间增加而停止补光，如继续补光反而会延迟果实成熟 ④继续补充二氧化碳：补充二氧化碳时间应提前，以每天早晨5～6时进行为宜 ⑤叶面喷肥：4月中旬起，叶面喷施400～600倍高美施或0.5%磷酸二氢钾＋补钙王300倍液，间隔一个星期后再喷一次，促进果实着色 ⑥果实摘袋：在4月中旬适时摘除果袋 ⑦摘叶转果：摘袋后摘除果实周围的贴果挡光叶，并分次轻轻地旋转果实，促进果实全面着色 ⑧地面覆反光膜，后墙悬挂反光幕：改善光照条件，促进果实着色 ⑨撑枝：对于结果较多下垂的枝进行撑枝，防止果实落地生长
5月	①果实采收：由于植株在温室中所处的位置不同，果实在植株上着生的部位也不一样，因此果实成熟是有差异的，应采用分期分批的采收方法，以提高果实的商品性。桃果不耐贮放，采收时应轻拿轻放，防止造成碰压伤导致烂果，采后的果实要及时销售，以减少损失 ②揭膜：在晚霜过后揭膜，揭膜前3～5天进行放风锻炼，使远离风口处的植株适应性提高，然后再揭膜。揭膜当天如风和日丽，气温稳定且较高时，可以揭去部分膜，但夜间必须重新盖上，以免温差过大，造成冻害。揭膜不能过急，过急易导致“闪苗”，造成通风口以外的植株出现不同程度的黄化现象，影响植株的正常生长，花芽分化质量差，贮藏营养水平低，不利翌年生产的进行 ③更新修剪：温室栽培桃树时，在扣膜时形成的枝段不能进行正常的花芽分化，只有揭膜后形成的新梢段才能进行花芽分化，因而揭膜后必须对棚内形成的枝段进行更新修剪，以培养新的结果母枝。更新修剪时应注意剪除病虫枝和徒长枝，适度剪截骨干枝的延长梢，其余的新梢在基部留1对叶芽进行重短截，促发副梢，形成果枝 ④肥水管理：重剪1周后，每亩施尿素30kg左右，浇一次透水 ⑤抹芽：剪后10天左右可长出新梢，每个剪口部位留1个壮芽，抹除其余芽 ⑥病虫防治：揭膜后霜霉病、褐斑病、细菌性穿孔病、蚜虫、螨类对桃树的危害加重，要加强防治，可用1.5%阿维菌素3000倍液＋50%多菌灵600～800倍液喷防，如细菌性穿孔病发生严重时，可加喷3000倍液的农用链霉素
6月	①施肥浇水：为了利于新梢快速生长，在6月上旬每亩施入充分腐熟农家肥3000kg或商品有机肥300kg，尿素15kg左右，磷酸二铵10kg左右，并视土壤墒情浇一次透水。每5～7天喷一次0.5%尿素＋0.5%磷酸二氢钾＋0.1%光合微肥，提高叶片制造光合产物的能力 ②树体管理：当新梢长到30cm左右时摘心，桃树萌芽率高、成枝力强，控制不当易出现郁闭现象，对于过密枝应进行疏除，有空间的直立枝拉平，控制旺长，促进成花 ③病虫害防治：喷施10%吡虫啉3000倍液＋10%世高3000倍液，控制病虫害 ④除草：及时铲除杂草，减少其对土壤养分水分消耗
7月	①树体管理：当新梢长50～60cm时，对旺长新梢继续摘心，控制新梢的生长，及时清除外围竞争枝、背上直立枝、过密新梢 ②控长促花：桃树生长量大，7月开始，每15天左右喷一次15%多效唑可湿性粉剂200倍液或PBO果树促控剂300倍液，控制新梢生长，促进形成花芽 ③除草：夏季气温高，降水后杂草生长迅速，极易成灾，要及时铲除 ④追肥：每株施磷酸二氢钾100g左右＋尿素20g左右 ⑤病虫害防治：喷施1.8%阿维菌素3000倍液＋72%农用链霉素3000倍液，防治螨类、细菌性穿孔病等

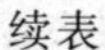
续表

时间	管理措施
8月	①控制旺长:对于旺长树体喷一次300倍液的15%多效唑,控制旺长,促进成花 ②树体管理:对旺长新梢继续摘心,对直立抱合枝拉枝,疏除过密枝、病虫枝、重叠枝 ③除草 ④追肥:每株施桃树专用肥(250～300)g+硫酸钾300g ⑤防病虫:同7月
9月	①施基肥:每亩施充分腐熟农家肥4000～5000kg,磷酸二铵40～50kg ②浇水:施肥后据土壤墒情浇水,以加速肥料的吸收
10月	①人工落叶:10月下旬开始人工摘除叶片,以利植株适期休眠,将摘除的叶片集中深埋,以肥沃土壤,增加土壤有机质含量 ②耕翻土壤:将覆盖的旧地膜捡拾干净,对行间进行浅旋耕,以增加土壤的通透性,改善土壤的理化性状,为根系的健壮生长创造条件 ③地面栽植行覆膜:在栽植行覆盖地膜,以保墒增温

三、油桃棚室促成栽培管理要点

油桃作为桃的一个变种，在我国栽培历史悠久，甘肃河西的紫光桃、新疆喀什的黄肉李光桃是其中的典型代表。但油桃在生产中受到重视、广为栽培时间较短，我国油桃作为商品化栽培，始于20世纪70年代，最初由欧美引入的油桃大多为酸甜型的，由于我国消费者大多喜欢甜型品种，品种不适合直接导致油桃在我国发展初期推广缓慢。从20世纪80年代开始，国内科研单位应用从国外引入的酸油桃和品质好的毛桃杂交，开始浓甜型品种的培育，先后培育出了曙光、华光、艳光、秦光、中油系列油桃品种，大大加快了油桃在我国的普及步伐。油桃由于无毛、食用方便，很快成为我国主要栽培水果之一，目前我国油桃种植面积已超过525万亩。

油桃为时令性水果，耐贮藏性差，货架期短，我国油桃的发展以城郊、厂矿、交通沿线等近市场区域为主，如山东的潍坊市、冠县、聊城，陕西的西安市、渭南市，甘肃的兰州市、天水市，山西省万荣县、河南的内乡县等都是著名桃产区，均有油桃大量生产。

由于油桃适应性强，进入结果期早，在我国广泛栽培。

油桃解除休眠需冷量少，度过休眠容易，很适合进行保护地栽培，是我国棚室栽培的主要水果种类之一。

1. 棚室栽培油桃品种选择

在油桃品种的发展上，我国是走过弯路的，20世纪70年代我国开始栽

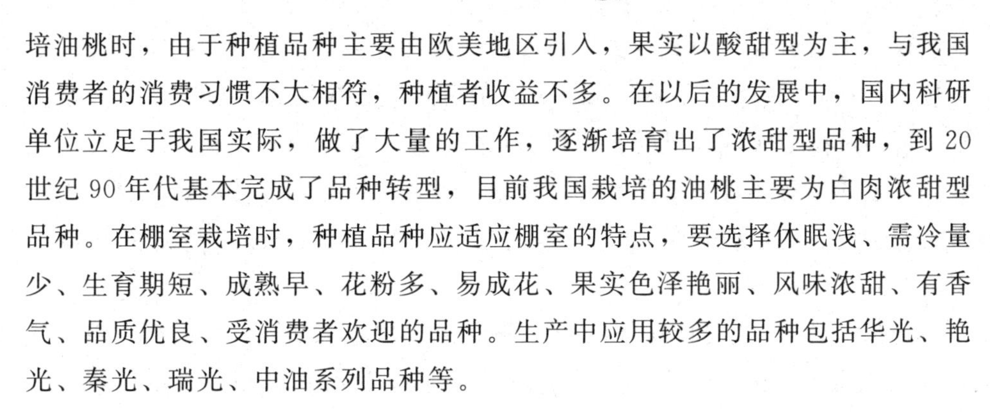

培油桃时，由于种植品种主要由欧美地区引入，果实以酸甜型为主，与我国消费者的消费习惯不大相符，种植者收益不多。在以后的发展中，国内科研单位立足于我国实际，做了大量的工作，逐渐培育出了浓甜型品种，到20世纪90年代基本完成了品种转型，目前我国栽培的油桃主要为白肉浓甜型品种。在棚室栽培时，种植品种应适应棚室的特点，要选择休眠浅、需冷量少、生育期短、成熟早、花粉多、易成花、果实色泽艳丽、风味浓甜、有香气、品质优良、受消费者欢迎的品种。生产中应用较多的品种包括华光、艳光、秦光、瑞光、中油系列品种等。

2. 栽植建园

油桃成花容易，生产中为了充分利用空间，多采用计划密植的方法，按照1m×1.5m的株行距栽植。在建园前要对温室内土壤进行深翻改良，按照南北成行建园，从东到西按1.5m的间距标定栽植行，在所标线挖深宽分别为60cm×60cm的定植沟，沟底填入厚20cm左右的作物秸秆或杂草，其上填埋表土与腐熟有机肥混合物，保证每亩施用有机肥在5000kg以上，然后用剩余的土将沟埋平。为便于培养树形和控制树高，可用芽苗建园，最好采用两个品种混栽，以利相互授粉。在3月份土壤解冻后，争取尽早栽植，栽后据土壤墒情，适量浇水，然后用地膜覆盖，提高地温，促进成活。在接芽上0.3～0.5cm处剪砧，用愈合剂封剪口。

油桃芽有早熟性，可多次分枝，生产中应利用这一特性，进行多次摘心，以有效增加枝量，加速树体成形。通常从6月开始到8月进行三次摘心，第一次摘心在苗高30～50cm时进行，第二次在新梢长到50～60cm时进行，第三次在8月份对旺长的新梢摘心。

3. 控长促花

油桃生长旺盛，如控制不当，极易出现光照恶化现象，生产中应加强树体的控制，重点要控制树高、枝展和枝量，应根据油桃树体在棚室内位置的不同，确定整形方式，最南边一行由于受空间所限，一般以开心形或“V”字整形为主，以北的多采用纺锤形等主干形整形，栽植的当年树高应控制在1.8m以内，以后应控制在2.5～2.8m，保持树枝梢最高处与棚膜之间间距大于40cm，如果枝梢最高处与棚膜间距过小，则温度控制难度大，温度不易降下来，增加管理难度。枝展应控制枝间交接量少于10%，行间应有50～60cm的作业通道，这在栽植当年易于控制，可通过摘心及喷用多效唑来实现，以后可通过间伐减少植株栽植密度进行控制。枝量应控制单株留结果枝15～20个，每亩留枝7万～8万条之间，在栽植的当年以增加枝量为主，可通过摘心实现，以后管理多以减少枝量为主，摘心控制枝的长度和长势，在生长期及休眠期要做好枝量调整，可通过抹芽和疏枝进行，疏除直立枝、密生枝、病虫枝、交叉枝、重叠枝、过粗枝、细弱枝等，将枝量控制在每亩7万～8万条范围内。

促花主要通过缓和枝的长势来实现，主要措施包括拉枝开角和应用生长激素。拉枝开角多在枝长20cm左右时进行，通过拉枝开角，保持枝条以分枝角度50°左右延伸。应用生长激素促花是油桃棚室栽培的关键技术之一，直接影响果实的产量和品质。生产中多从7月份开始，每10～15天喷施一次200～300倍液的15%多效唑或PBO，连续进行2～3次，喷时根据树和枝的长势灵活应用，一般弱树、弱枝应轻喷，旺树、旺枝应重喷。

4. 防止树势衰弱

油桃成花容易，坐果率高，自然结果或过量结果情况下易导致树势衰弱，不利产量和效益的持续提高，生产中要严防树势衰弱现象的出现。生产中应用的措施主要有：

（1）控果　通过疏花疏果，控制结果量，减少结果对树体养分的消耗，一般应将每亩产量控制在1500kg左右。据枝的长势，疏果后保持长果枝留3～4果，中果枝留2～3果，短果枝留1～2果，花束状果枝留1果，对多余果应及时疏除。

（2）施肥浇水，及时补养　肥水是油桃结果的物质保障，在生产中要及时补充，供给棚室油桃生长结果。在施好基肥的基础上，应重点抓好花前、膨果、花芽分化及采后肥料的追施，施肥后要适量浇水，以加速肥料吸收利用，有条件的应用水肥一体化措施，提高劳动效率，减轻劳动强度，提高肥效。根据树体长势，每次每亩施用氮磷钾三元复合肥10～15kg或等量的水溶肥。

（3）保持壮枝结果　油桃在有棚期形成的枝梢没有成花能力，在采果后要加强结果枝的更新，将结过果的枝留10cm进行重截，促使形成新的结果枝，以保持树体有较强的结果能力。

5. 合理进行环境调控，为正常生长结果创造条件

油桃不同生长阶段对环境的要求是不一样的，在棚室栽培季，外界温度较低，光照时间短，多雾、雨、雪等恶劣天气，应通过覆盖棚膜、加盖苫帘、通风、补光、增施二氧化碳等措施将棚室环境调整到最佳状态。油桃不同生长阶段的适宜温湿度范围参见表5-1。

表5-1 油桃不同生长阶段适宜温湿度范围

生长阶段	白天适宜温度/℃	夜间适宜温度/℃	适宜湿度/%
催芽期	10～28	3～5	70～80
萌芽期	10～25	5	70～80
开花期	10～22	5～10	50～60
幼果膨大期	15～25	8～15	50～60
硬核期	15～25	10	小于60
果实膨大期	15～18	10	不大于60
采收后	30	10～15	同露地

在做好温湿度调控的同时，对光照和二氧化碳的调控也应高度重视，一般由于棚室环境密闭，棚室内二氧化碳浓度不能满足水果生长需要，会影响产量的形成，要注意补充。棚室栽培水果生产中增施二氧化碳，可增强光合作用，有效促进产量提高、改善果实品质、增强植株的抗性。可通过增施有机肥、通风换气、用盐酸与石灰石或硫酸与碳酸氢铵反应释放二氧化碳、增施固体二氧化碳气肥等多种方法补充环境中的二氧化碳，其中施用固体二氧化碳气肥效果最明显。一般在水果枝条展叶前6天左右，在树行间开深2cm左右的条状沟，每亩施40～50kg固体二氧化碳气肥，可使棚室内二氧化碳浓度高达0.1%，有效期达90天，高效期40天左右。

棚室栽培水果时，由于棚膜过滤及遮光，棚室内光照强度不足自然光照强度的70%，不能满足树体生长需要，生产中应注意选择新型EVA无滴膜覆盖，保持棚膜洁净，以提高透光率，同时需人工补充光照。补充光照早晚均可，每天需补充3～4h，光源可用白炽灯、红光灯、日光灯等，其中白炽灯最佳，红光灯、日光灯次之。

6. 防病治虫

油桃棚室栽培时易出现缩叶病、细菌性穿孔病、白粉虱、蚜虫、螨类等，应注意对症防治。病害可用80%甲基托布津800倍液或60%代森锌400～500倍液防治，细菌性穿孔病发生严重时可加喷72%农用链霉素3000倍液控制危害，蚜虫和白粉虱可喷10%吡虫啉3000倍液防治，螨类可喷5%齐螨素2500～3000倍液防治。

7. 采收

棚室栽培油桃一般应在八至九成熟时采收，此时果肉有弹性，脆甜适口，风味浓，售价高。过熟则果肉变软，过生则风味淡。对秦光2号油桃的采收尤要重视，因其着色早、着色面积大，常会被误认为成熟而发生早采现象，早采果实风味变淡，不利于品质提高，因而应在油桃底色开始变白、果肉有弹性、风味浓郁时开始采收。由于油桃在树体中所处的位置不同，成熟早晚有别，可采用分期分批采收的方法采收，以提高果实的商品性。

8. 采果后管理

油桃果实采收较早，采果后树体旺盛生长，采后管理应重点培养适宜棚室栽培的群体结构，调节树体营养分配，促进花芽形成，为来年的丰产优质打好基础。

四、温室油桃周年管理历

时间	管理措施
1月	①环境控制:此期为温室油桃萌芽至开花期,控制温度最高在22～25℃,最低4～5℃,空气相对湿度80%～90% ②中耕:油桃根系好气性性强,在生产中要加强中耕,防止土壤板结,创造疏松的土壤条件,以利根系生长 ③防病虫:在萌芽前喷一次5波美度石硫合剂,杀灭越冬病菌虫体,以减轻缩叶病、介壳虫的危害
2月	①环境控制:此期为温室油桃开花期,控制温度最高在22～25℃,最低5℃左右,空气相对湿度50%～60%。花期短期高温会导致种植失败,要严防高温危害 ②土肥水管理:在花后要及时施肥,以减少落果,促进果实生长。这次施肥应以速效性氮肥为主,每株施尿素150g+磷酸二铵200g。施肥后要及时浇水并中耕 ③授粉:温室油桃生长在密闭环境中,通常授粉不充分,影响坐果,生产中要抓好授粉工作,促使坐果率提高。授粉可用人工授粉,也可放养壁蜂授粉,人工授粉时,在花期用鸡毛撞掸子在树上滚动即可 ④疏花:在花蕾膨大时即可进行疏花,以减少营养消耗
3月	(1)结果管理　①环境控制:此期为温室油桃果实膨大期,控制温度最高在28℃,最低15℃,空气相对湿度控制在60%以下。②土肥水管理:每株施尿素200g+磷酸二铵200g+硫酸钾200g,以促进果实膨大,提高果实风味。施肥后浇水,土壤发白时中耕。③防缩叶病:低温多湿的条件,缩叶病发病严重,可喷800倍兰博防治。④树体管理:油桃萌芽力强,生产中应及时抹芽、除梢,保持树体有良好的通透性。⑤疏果:在花后1个月内完成。留果时按枝生长势的强弱而定,一般长果枝留3～4果,中果枝留2～3果,短果枝留1～2果。长果枝留枝条中上部果,中短果枝留先端果。疏除畸形果、病虫果、并生果、无叶果 (2)新植园管理　计划新栽油桃的温室在土壤解冻后,要做好前期准备工作,重点应抓好整地、施肥、浇水工作,以创造疏松肥沃的土壤条件,为温室生产打好基础。温室土地应整平,按每亩施用优质有机肥5000kg、磷酸二铵100kg、尿素50kg的标准,将肥料均匀撒施地面,然后耕翻,翻深25cm左右,如土壤墒情差,应及时浇水,以形成良好的土壤墒情

续表

时间	管理措施
4月	(1)结果管理 ①环境控制:此期为温室油桃膨大成熟期,控制温度最高在28℃,最低15℃,湿度60%以下。②土肥水管理:株施300g尿素+300g磷酸二氢钾,施肥后视土壤墒情浇水,并中耕。③防虫:加强对蚜虫、螨类的防治,蚜虫和螨类应在发生初期喷药防治,以控制危害,可喷布20%灭扫利4000倍液或2.5%敌杀死4000倍液杀灭。④树体管理:应及时疏除竞争枝、细弱枝、过密枝,在枝长20~30cm时要及时软化开角,以缓和长势。⑤防裂果:油桃易发生裂果现象,在生产中应切实做好防治,防治的关键在于采前均衡供水,防止水分供给出现忽高忽低现象 (2)新植园管理 ①栽植:按照1m×1.5m的株行距定穴,定穴时要南北成行,然后挖深宽各80cm的定植穴,挖时生土熟土分置,填穴时先在底部填埋厚20cm粉碎的作物秸秆,再用熟土填坑,生土还原,进行微区改土,优化根系生长环境,以利树体生长。然后栽植,栽后要及时浇水,以利根土密接,提高成活率。②定干:由于温室栽培空间所限,定干宜低,定干高度以30~50cm为宜,应掌握南低北高,以利树体充分受光。③抹芽:在桃树成活发芽后,应及时抹除整形带以下的无用芽,在需要留枝部位选留一个壮梢,而将其余枝梢抹去。④防蚜防螨
5月	(1)结果管理 ①环境控制:此期为温室油桃果实采收期,采前控制温度最高在28℃,最低15℃左右,湿度60%以下。②果实采收:用手捏果实有弹性时开始采收。由于果实成熟时间不同,采收时应采用分期分批的方法进行,以提高果实品质。③揭膜:在外界夜间气温高于10℃时揭去棚膜。④疏枝:在采果后要及时疏除多余枝,所留枝留10cm回缩,以便培养新的结果枝组。⑤施肥:在采果后株施尿素100g+磷酸二铵100g,补充树体养分。施肥后应及时浇水。⑥防治细菌性穿孔病:低温高湿的环境下该病发生较重,在田间发现病株后,及时喷布70%甲基托布津800倍液或65%代森锌400~500倍液,如危害严重应每7~10天喷一次药 (2)新植园管理 ①土肥水管理:定植后每10天左右浇水一次,每15天左右追肥一次,追肥时应以尿素为主,每次株施100~150g,促进新梢生长,尽快形成光合面积。结合施肥,中耕除草,保持土壤疏松。每15天左右叶面喷一次0.3%的尿素。②新梢摘心:以外围延长枝为主,在枝长20~30cm时要及时摘心,以控制枝梢生长长度。③开角:在枝长20~30cm时,软化开角,以缓和枝条生长势,以利花芽分化。开角时以分枝角度80°~90°为宜。④防治细菌性穿孔病
6月	①土肥水管理:视天气情况及土壤墒情浇水,如天旱应每15天左右浇水一次,每20天左右施肥一次,上旬以尿素为主,促进枝叶生长,下旬加施磷酸二铵,以利花芽分化。尿素株施200g左右,磷酸二铵株施400~500g,结合施肥进行中耕。每15天左右叶面喷一次0.3%尿素+0.3%磷酸二氢钾 ②防病虫:重点以蚜虫、螨类和细菌性穿孔病为防治对象,对细菌性穿孔病可喷施65%代森锌500倍液,对蚜虫可喷施50%抗蚜威1500~2000倍液,对螨类可喷施5%齐螨素2500倍液防治 ③摘心:在枝长30cm左右时再摘心一次
7月	①土肥水管理:每15天施一次肥,株施磷酸二铵300g+硫酸钾300g,每15~20天叶面喷0.3%磷酸二氢钾一次,以促进花芽分化。结合施肥浇水并中耕松土 ②病虫防治:以蚜虫、螨类、细菌性穿孔病为重点防治对象 ③枝梢管理:二次新梢枝长20~30cm时要软化开角;及时疏除竞争枝、细弱枝;对生长过旺的树体应喷用多效唑控制生长。下旬对未停长的新梢摘心,缓和生长势
8月	①土肥水管理:这段时间为花芽集中分化期,应保证足肥足水供给,每10天施一次肥,每次株施磷酸二铵500g+硫酸钾500g,结合施肥浇水并中耕。8月我国北方进入雨季,下雨后如果田间积水应及时排涝 ②防病虫:重点以蚜虫为防治对象 ③枝梢管理:除去副梢先端的嫩尖,增加枝条营养积累,喷施200倍多效唑,控制枝梢生长,促进组织充实

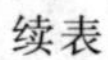

续表

时间	管理措施
9月	①土肥水管理：每亩施优质有机肥3000kg左右，过磷酸钙150kg，尿素75kg作基肥。施肥后浇一次透水并中耕 ②防蚜虫 ③枝梢管理：及时摘除未停长的嫩梢，抑制枝梢生长，喷一次200倍多效唑，控制枝梢生长，促进组织成熟
10月	①土肥水管理：叶面喷施0.3%尿素+0.3%磷酸二氢钾，保护叶片，增加光合产物积累。土壤墒情差时及时浇水，浇水后中耕，保持土壤疏松 ②清园：落叶后应及时清除落叶，喷布5波美度石硫合剂，以控制病源物，减少病虫越冬基数
11月	①加强中耕，保持土壤疏松 ②冬剪：疏除无花枝、病虫枝、重叠枝、下垂枝，每树留60～80个中长果枝，所留果枝直径应在40～80mm ③促进休眠：11月初扣棚膜，盖草帘，保持温室内温度在7.2℃以下，强迫树体休眠，湿度保持在80%～90%
12月	①施好花前肥：株施尿素100g+磷酸二铵100g，施肥后浇水，为根系和新梢的生长及坐果打好基础 ②升温：温室升温应逐渐进行，通过草帘的揭盖，分段将温度升高到25℃左右，空气湿度保持在80%～90%，要防止升温太快，影响枝梢生长

五、日光温室栽培油桃歌

日光温室栽油桃　　成熟早来效益高
栽培品种应选挑　　丰产早熟应记牢
华光艳光春艳好　　千年红来早红宝
春季栽苗应趁早　　栽前改土要记好
栽植应该选壮苗　　根系发达芽眼饱
长途苗木如运到　　栽前必须用水泡
南北行向挖沟槽　　挖沟松土很必要
沟底填上碎麦草　　表土农肥相混搅
槽填满了用水浇　　土壤稍干再栽苗
栽前泥浆蘸根毛　　栽后成活自然高
密栽丰产可高效　　每亩可栽400苗
栽后顺行地膜包　　有利提温把墒保
栽后定干应及早　　南低北高光照好
定植当年促壮苗　　适时施肥把水浇

5～6 月长新梢	少量多次施肥料
天气干旱把水浇	树体生长自然好
7 月控水氮肥料	促进多把花芽造
冬前要把深翻搞	结合施入基肥料
结果之后肥追早	萌芽前施尿素好
坐果之后肥施饱	氮磷钾肥要配调
施肥量的多与少	结果产量要参考
施肥之后把水浇	有利促进提肥效
纺锤树形结果早	结出果实质量好
栽后要把整形搞	园貌整齐通光照
栽后定干不要高	40 厘米剪留梢
新梢 50 厘米超	摘心促发二次梢
6 至 7 月梢角调	枝势缓和成花高
化学促花很必要	多效唑液效果好
10 天一次应喷到	时间拉长便徒劳
及时疏除过密梢	背上竞争枝除掉
结果要留长枝条	结出果实质量高
11 月中旬把水浇	黑色地膜把地包
接着棚膜要苫好	白天草苫要盖早
晚上卷苫开风道	防止棚内温度高
强迫休眠来睡觉	休眠好了发芽早
12 月下旬温升高	白天卷苫透光照
物候不同有指标	环境调控要参考
卷放草苫把温调	天窗换气以排潮
油桃自花结实高	花期放蜂效更好
坐果之后果疏早	疏除密挤双果小
果实均匀布枝条	果个大来品质高
着色时期疏旺条	贴果叶片早摘掉
银色反光膜挂好	改善温室内光照
棚内湿度应低调	采前裂果落果少
采摘应该分批搞	有利提质产量高

六、温室栽培桃易出现的问题及对策

桃树在温室栽培中易出现以下问题，生产中应积极应对，以促进生产效益提高。

1. 枝梢徒长

温室栽培桃树，由于环境密闭、高温高湿，枝梢极易徒长。若施用氮肥较多、浇水过量，徒长更严重。枝梢徒长不但恶化光照条件、加速内膛细弱枝的枯死，而且消耗大量树体营养，减少花芽分化量，影响翌年的产量。

对策：① 结合施用基肥，每株树土施与树龄数值相同数量（以克计）的多效唑，也可在新梢生长期叶面喷施15%多效唑300倍液，以抑制新梢的生长。

② 生长后期，特别是果实采收后，要严格控制氮肥和水分的供给。

③ 高温期要注意通风换气。

④ 及时抹芽除副梢，疏除徒长、过密枝。

2. 产量低

温室栽培桃树产量低的原因，主要有结果部位外移，结果表面化；休眠期低温不足，导致萌芽不整齐；授粉媒体欠缺，长期缺肥少水等。

对策：① 注意选留预备枝，严防内膛空虚，保证树体全方位结果。

② 保证树体度过自然休眠期，提高开花整齐度。

③ 加强人工授粉，提高坐果率。

④ 开花和果实膨大期，及时追肥浇水。

3. 着色差

桃树为喜光树种，在温室栽培时，由于光照时间短、光质差，加之枝梢徒长，不利果实着色，果实着色普遍不良。

对策：① 在果实膨大期增施钾肥，促进着色。

② 合理修剪，防止树冠郁闭。

③ 果实速长期提高温室温度，保证月均温在25℃以上。

④ 加大昼夜温差，促进果实糖分积累。

⑤ 保持棚面洁净，每天补光2～3h。

⑥ 果实上色期，摘除果实周边遮光枝叶。

4. 果个偏小

温室条件不及露地优越，若坐果量大，果个易变小。

对策：① 加强肥水管理。每生产100kg果，应保证施用纯氮0.4～0.5kg，五氧化二磷0.2～0.3kg，氧化钾0.5～0.7kg，根据土壤墒情适时浇水，保持土壤湿润。

② 选择壮枝结果。

③ 疏花疏果。长果枝留3～4果，中果枝留2～3果，短果枝留1～2果，花束状果枝留1果，预备枝不留果，每亩产量控制在2000～3000kg。

5. 病虫害发生早而重

温室内温度高、湿度大，病虫害发生较露地早而重。

对策：① 落叶后彻底清园，深耕土壤，喷5波美度石硫合剂，减少病虫越冬基数。

② 加强通风，降低温室内的湿度，抑制病害的发生。

③ 搞好预测预报，抓住关键时期，对症用药。

第三节 棚室杏促成栽培技术

一、杏棚室高效栽培要点

杏树休眠浅，需冷量少，果实成熟早，是棚室适栽树种之一（图5-5）。棚室栽培杏多在4月下旬至5月上旬成熟，其时正是水果淡季，售价高，效益好。

1. 规范棚室建造

栽培杏树的棚室应建在土层深厚、土质肥沃、地下水位高、有一定排灌条件、四周开阔的地方，棚室坐北朝南、偏西5°左右，周围无高大建筑群，特别是东、南、西部要开阔，以利冬春采光，东西长应在50～80m，南北跨度6～8m为宜。如果采用冬暖式温室，有条件的最好能将北边靠在地埂上，以增加保温效果，减少筑墙用工。如筑墙，北墙及两边的山墙厚度应在1m以上，棚面后坡要先覆30cm左右的作物秸秆，再在上面盖20cm左右的泥，棚面前坡底角应挖深宽均为50～60cm的防寒沟，防寒沟长与温室相当或略

图 5-5　温室杏树生长情况

长，在沟内填入麦草、草木灰、锯末等隔热物，提高保温效果。

2. 选择适栽品种

棚室栽培杏树应选择休眠期对低温要求不太严格，适应性强且自花结实率高的品种，一般自然条件下 7 月上旬前成熟的品种均可进行棚室促成栽培。生产上应用的品种有凯特、金太阳、大棚王、玛瑙杏、香白杏、华县大接杏、兰州大接杏、沙金红杏等。

3. 尽量定植带花大苗

由于杏树成花不及桃树容易，生产中最好栽植 2 年生以上带花的大苗，促进早果，缩短栽植到受益的时间，从而提高棚室生产效益。

4. 配备充足的授粉品种

杏树自花结实率低，栽培时应配备栽培总量 30％以上的授粉品种，为结果良好打下基础。生产中可选择花期相近，综合效益优良的 2～3 个品种混栽，以保证相互授粉。

5. 适时栽植

杏树可春栽，也可秋栽，春栽在 4 月份临近萌芽时进行，秋栽在 10 月下旬至 11 月土壤封冻前进行，提倡秋季丰水期栽植，以利提高成活率。棚室栽植杏树多采用过渡密植的方法，以提高前期产量，可按照（1～1.5）m×(1.5～2)m 的株行距，每亩栽 333～444 株。在移栽时应注意保护根系，尽量缩短根系在空气中暴露的时间，栽植时肥水要充足，定植坑要大，以利缓苗。定植穴深宽高均应大于60cm，坑挖好后，每坑施入充分腐熟有机肥25kg左右，过磷酸钙0.5kg左右，栽后每穴浇水20kg左右。栽后立即用黑色地膜覆盖保墒。

6. 促控结合，培养丰产树体结构，促进花芽形成

栽植当年，要注意促生分枝，增加枝量，以形成有效的结果面积，促进前期产量的提高。在整个生长期对于树体的管理应高度重视。

(1) 采用纺锤形为主的整形方式　棚室栽培杏树时栽植密度大，如果树果形选择不当，极易出现郁闭，导致内膛枝细弱，结实能力差。杏树喜光，干性差，内膛枝易枯死，结果部位易外移，棚室栽培时如沿用露地生产中的圆头形树形，则不利产量的提高。根据棚室栽培的特点，除最南边一行由于受高度限制树体整成开心形外，其他的应以纺锤形为主，以增加枝量，最大限度地利用光能，促进产量和质量的提高。

(2) 保持枝条主次分明　在树体结构中大枝是骨架，小枝是肌肉，如大枝过多，必然占据大量空间，而棚室栽培时空间有限，只有在大枝稀、小枝密的情况下，才能有更多的结果部位，因而生产中要保持枝条主次分明。对于树干上抽生的枝要多留，生长季根据枝的长势，综合采用摘心、拉枝开角、拿枝软化等方法，将临时性枝转化为结果枝。生产中要充分利用杏树芽的早熟性，采用摘心措施，促进分枝，防止光杆枝的出现，增加有效结果部位，提高结实能力。在扣棚前剪除无效枝，控制树体枝量，花后注意除萌，果实采收后及时进行更新修剪，回缩结过果的老枝，培养新的结果枝，以保持树体旺盛的结果能力。

(3) 适时控制，促进成花结果　杏树枝条年生长量大，在不加控制情况下，枝条年生长可达1m以上。在棚室密植栽培条件下，如放任枝生长，极易出现树体枝条相互交错，一方面不利田间作业，另一方面不利通风透光，因而应注意控制枝的长度，一般应将枝的长度控制在60～70cm，对超出部分应及时摘心。棚室栽培杏树对树高要求严格，要求树顶距棚膜至少应在60cm，否则不利温度调控，易发生冻害及高温危害，因此对超高部分应及时回缩。杏树枝条多抱合生长，不利成花，生产中应注意拉枝，由于棚室栽培杏树密度较大，拉枝应及早进行，一般在枝长30cm左右时开始拉枝，通过拉枝缓势，增加枝中养分积累，多形成优质花芽，促使早投产、早受益。为了促进花芽形成，从7月份开始，应根据树体及枝条长势，酌情喷用

15%多效唑或PBO果树促控剂200～300倍液，一般喷用两次即可达到效果，对于旺长的树体或新梢，可在8月加喷一次。

7. 平衡供给肥水，增加树体营养物质积累，为树体良好生长结果打好基础

肥水是棚室杏树生产的物质基础，在生产中应注意足量供给。基肥在定植时或每年9月份施入。每年基肥施用量每亩应保证有机肥不少4000kg，油渣不少于300kg，过磷酸钙在75kg以上，硫酸钾在50kg以上。追肥应注意施用的时间，可在花前和果实膨大期进行营养补充。追肥应以氮磷钾三元复合肥为主，以平衡供给养分，防止偏施氮肥，导致枝梢徒长，影响坐果。施肥量据树体大小、结果多少灵活掌握，每次每亩施肥量控制在10～15kg。花后要控制追肥和浇水，以免营养生长过旺，树体养分失衡，供给开花坐果的养分少，落花落果加重。在花后15天内不应施氮肥、浇大水，在花后20天左右，为促进果实生长可进行追肥浇水，同时进行叶面喷肥，补充营养，促进树体生长，提高坐果率。追肥后视土壤墒情浇水，保持土壤相对含水量在50%～60%，浇水时采用少量多次浇灌的方法进行，防止浇水量太大导致地温降低而引发落果现象的出现。

8. 适期扣棚，加强环境调控，创造有利杏树生长结果的环境条件，促进产量质量提高

杏树必须在完成自然休眠后扣棚，才能保证生长结果的顺利进行，否则发芽不整齐，不利坐果。生产中，特别是刚开始进行温室生产的农户，多错误地认为扣棚越早越有利于早结果，因而在杏树没有完成休眠时就早早将棚扣上，这样低温积温不足，对杏树的萌芽、生长、结果都不利，生产中要防止这种现象的发生。杏树解除休眠的需冷量为400～700h，多数品种在12月中下旬扣棚较适宜，在暖冬年份或种植需冷量多的品种，应适当延迟扣棚时间。总之，适当晚扣棚对棚室杏树栽培是有利的。

扣棚后，升温应缓慢进行，不可过急，以提高树体的适应性。如升温太快，则气温的升高较地温快，会出现先叶后花现象，不利树体结果；升温太快还会导致花器发育过快而不充实，不利坐果，常常大量落花落果。因而应采用分期升温法，在扣棚的第一周白天揭去苫帘的1/3，第二周白天揭去苫帘的2/3，以后白天全部揭开，使棚温逐渐升高。

在树体生长结果过程中要根据不同时期树体对温湿度及光照、二氧化碳的要求，细致地调整环境条件，保证生长结果的顺利进行。花期既要防止夜间低温冻害，又要防止白天高温的危害。杏树花果期不耐冻，温度低于－1℃，杏花即可全部受冻，温度低于－0.6℃幼果便会受冻；花期高温会导致大量落花、种植失败，一般花期温度高于30℃就会造成危害，温度高于35℃果实会全部脱落，因而花期控温特别重要。花期温度应尽量维持在16～20℃，白天最高不要超过22℃，夜间不要低于6℃，以利花粉发芽，延长花期，提高坐果率。不同的生长发育时期，杏树对温湿度的要求是不一样的，具体可按表5-2所示指标进行调控。

表5-2 不同生长发育时期杏树对温湿度的要求

生育期	白天/℃	夜间/℃	相对湿度/%
萌芽前	15～18	5～7	70～80
开花期	16～20	8～10	50～60
果实发育期	15～25	10～15	60～70
成熟期	20～28	10～15	60左右

生产中可通过揭盖苫帘、通风、加温等措施进行调节。

此外，由于棚室栽培中光照不足问题突出，棚室内二氧化碳浓度低，均影响生产的正常进行，要采取相应的措施进行补充。补光可用白炽灯，从发芽后开始，按每10m棚长悬挂一个灯泡的方法，每天补充2～3h，一直补充到果实采收为止。补充二氧化碳最好采用悬挂二氧化碳气袋的方法，从果实坐住后开始补充，至4月揭膜为止。

9. 加强花果管理，提高果实品质

杏树主要靠昆虫传播花粉，棚室栽培时，环境空气流动量小，昆虫数量少，对授粉受精非常不利，授粉受精不充分常导致落花落果、坐果率低，生产中应加强授粉工作。一般可采用棚室内放蜂的方法，授粉均匀，效果好。通常每棚放养蜜蜂一箱或放养壁蜂100只左右，即可保证授粉的顺利完成。如果没有放蜂的条件，可用鸡毛掸子在树体花上滚动授粉。

棚室栽培杏树是高投入产业，提高其商品性是提高经济效益的重要途径。提高商品性的关键是保证果实充分生长、个头均一，而实现此目的的主要措施是疏花疏果，通常以疏果为主。一般在花后3周开始疏果，疏果时应据枝的长势，保持果间距5～8cm，一般长果枝留3～4果，中果枝留2～3果，短果枝留1果，花束状果枝不留果。

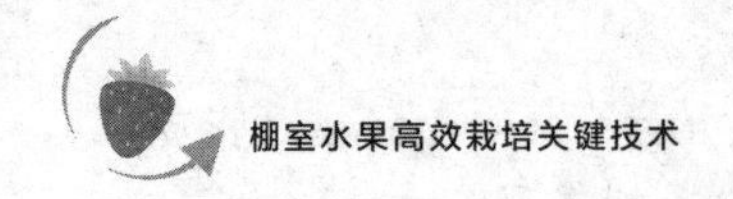

10. 加强病虫害的综合防治，保证优质丰产

疮痂病、褐斑病、叶肿病、蚜虫危害、螨类危害是杏树生产中的主要病虫害，病虫害常导致植株生长不良，影响果实生长发育，不利产量和品质提高，生产中应加强防治。在扣棚前喷一次5波美度石硫合剂，消灭越冬病菌虫体，控制危害基数，扣棚后应主要以烟熏防治为主，在花后用百菌清＋吡虫啉烟剂燃烧熏蒸，防治疮痂病、褐斑病、蚜虫等，在果实生长期若蚜虫、螨类危害严重时可喷1.8%阿维菌素3000倍液防治。

11. 分期分批采收，提高果实商品性

棚室内树体所处的位置不同，果实在树体上生长的位置不一样，果实的成熟是有先后的，一般树冠顶部的果实较下部的成熟早，树冠外围的果实较内膛的成熟早，因而在采收时，应分期分批进行，以提高果实商品性。

二、温室杏周年管理历

时间	管理措施
12月	①扣棚：杏树解除休眠的需冷量为400～700h，多数品种在12月中下旬可自然完成休眠，扣棚较适宜 ②清园消毒：扣棚后及时清扫棚内落叶、枯枝、杂草，集中烧毁或深埋，园内土壤及树体喷3～5波美度石硫合剂，降低病虫越冬基数 ③深翻土壤：对行间土壤进行深翻，以创造疏松的土壤条件，促进根系生长，提高其吸收功能 ④压埋滴灌管：地整好后压埋滴灌管，为水分的科学供给创造条件 ⑤重施肥：结合耕翻每亩施入充分腐熟农家肥3500～4000kg，过磷酸钙80kg，硫酸钾40kg，进行土壤养分补给。施用时将肥料均匀撒施地表，然后深翻 ⑥浇水：施肥后若土壤墒情差，可浇一次水，以加速肥料的溶解 ⑦覆地膜：用地膜覆盖、增温，控制室内湿度，以抑制病害的发生
1月	①开始升温：盖棚后白天温度按10℃—16℃—25℃三个阶段逐步升高，整个生长期白天温度保持在18～25℃，夜间温度保持在6℃以上 ②抹芽：将剪口附近萌发的多余芽子抹除，防止枝量过大出现郁闭现象 ③防冻防高温危害：花期既要防止夜间低温冻害，又要防止白天高温的危害。花期温度应尽量维持在16～20℃，白天最高不要超过22℃，夜间不要低于6℃，以利花粉发芽，延长花期，提高坐果率 ④辅助授粉：一般可采用棚室内放蜂的方法促进授粉。通常每棚放养蜜蜂一箱或放养壁蜂100只左右即可保证授粉的顺利完成，如果没有放蜂的条件，可用鸡毛掸子在树体花上滚动授粉 ⑤施肥补养：在花后20天左右，为促进果实生长可进行追肥浇水，同时进行叶面喷肥，补充营养，促进树体生长，提高坐果率。每亩施用三元复合肥10～15kg ⑥浇水：保持土壤相对含水量在60%左右，空气相对湿度在80%～60%，前期湿度高，促进萌芽，后期湿度低，有利坐果 ⑦防病虫：发芽前喷50%代森锰锌800倍液或70%甲基托布津1000～1500倍液，控制病害的发生 ⑧发芽后开始补光

续表

时间	管理措施
2 月	①疏果定果：疏果在花后 3 周开始，疏果时应据枝的长势保持果间距 5～8cm，一般长果枝留 3～4 果，中果枝留 2～3 果，短果枝留 1 果，花束状果枝不留果 ②施膨果肥：果实膨大期追肥应以氮磷钾三元复合肥为主，以平衡供给养分，防止偏施氮肥，导致枝梢徒长，影响坐果。施肥量据树体大小、结果多少灵活掌握，每亩施肥量控制在 10～15kg ③浇水：花后要控制浇水，防止营养生长过旺，落花落果加重。在花后 15 天内不浇大水，在花后 20 天左右，为促进果实生长可进行浇水 ④叶面补养：叶面喷施 0.2%硼砂＋0.5%尿素，进行营养补充，以提高坐果率 ⑤摘心：杏树枝条年生长量大，在棚室密植栽培条件下，如放任生长极易郁闭，因而应注意控制枝的长度，一般应将枝的长度控制在 60～70cm，对超出部分应及时摘心 ⑥环境调控 温度调控：白天温度保持在 15～20℃，夜间温度保持在 8℃以上 空气湿度调控：空气湿度保持在 60%左右 开始补光：每天在揭苫前或盖苫后用白炽灯补光 2～3h 开始补充二氧化碳，提高光合能力
3 月	①调整枝量：杏芽有早熟性，温室栽培时密度较大，要严防枝量过大、光照恶化现象的出现 ②加强通风，防高温危害：白天温度保持在 15～22℃，夜间温度保持在 8℃以上 ③注意排湿：在不受冻害的前提下，加大通风量，排除多余的水分，保持空气相对湿度在 60%左右 ④补光：每天补光 1～2h ⑤继续补充二氧化碳 ⑥防病虫：用百菌清＋吡虫啉烟剂燃烧熏蒸，防治疮痂病、褐斑病、蚜虫等，在果实生长期若蚜虫、螨类危害严重时可喷 1.8%阿维菌素 3000 倍液防治
4 月	①温度调控：白天温度保持在 18～25℃，夜间温度保持在 10℃左右 ②湿度调控：通过通风排湿，将空气相对湿度控制在 60%以下 ③叶面补肥：叶面喷施 0.5%尿素＋0.3%磷酸二氢钾，促进果实生长 ④补光：每天补光 0.5～1h ⑤继续补充二氧化碳 ⑥促进着色：果实开始变色期，摘叶转果，促进果实全面着色；地面铺反光膜，后墙悬挂反光幕，提高果实着色程度 ⑦采收：杏果不耐贮运，在果实 7～8 成熟时采收，采收时要轻拿轻放，采后的果实要及时销售
5 月	①揭膜：在晚霜过后揭膜，揭膜刚开始 2～3 天，白天将膜揭掉，晚上再盖上，以提高植株的适应性，以后全揭掉 ②更新修剪：果实采收后及时进行更新修剪，回缩结过果的老枝，培养新的结果枝，以保持树体旺盛的结果能力 ③间伐过密株：对于计划密植的果园，在采果后可采用隔株或隔行间伐的方法，以减少枝量 ④防病虫：重点防治蚜虫、螨类，可喷施 10%吡虫啉 2000 倍液＋1.8%阿维菌素 3000 倍液，控制危害 ⑤补养：采果后树体养分被大量消耗，应及时进行补充，此期施肥应以速效性饼肥或生物有机肥为主，每株施用 2kg 左右

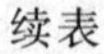
续表

时间	管理措施
6月	①抹芽:更新修剪后及时抹除剪口附近萌发的多余芽子,保持枝条单轴延伸 ②留枝:注意控制二年生以上无效枝的数量,以增加有效枝的结果部位,纺锤形单株树留枝量在10～15条,不宜过多 ③中耕除草 ④施肥:更新修剪后为了促进枝条生长,应及时补充肥料,此期施肥应以高氮复合肥为主,每亩施用量30kg左右
7月	①化控:为了促进花芽形成,从7月份开始,应根据树体及枝条长势,酌情喷用15%多效唑或PBO果树促控剂200～300倍液,以抑制新梢生长,促进成花,每10～15天喷一次,一般喷用两次即可达到效果 ②雨后铲除田间杂草 ③防病虫:树上喷施500倍蛾螨灵,杀灭桃小食心虫幼虫及螨类
8月	中耕:对树盘和行间进行耕翻,创造疏松的土壤条件,增加土壤涵水能力
9月	①施用基肥:每亩施用土杂肥5000～7000kg或油渣250～300kg,以增加土壤中的多种养分,熟化和改良土壤,促进根系生长发育,增加树体冬前养分积累 ②中耕除草
10月	①耕翻土壤:对土壤进行耕翻,改善土壤理化性状,增加土壤团粒结构,增强土壤的通透性 ②树干涂白:用10份生石灰、2份石硫合剂、2份食盐、2份粗面粉、动物油1～2份、40份水混合配成涂白剂,涂刷树干及大枝,杀灭树皮裂缝中越冬的虫体及病菌,减少病虫越冬基数
11月	①清园:落叶后彻底清扫园内落叶、枯枝、杂草,运出园外或集中烧毁,减少病虫越冬场所,控制越冬数量,为来年的防治打好基础 ②浇水:有浇水条件的杏园要进行浇灌,以形成良好的土壤墒情,以利树体安全越冬 ③刮治流胶病:发现流胶病时,要及时刮除胶体,用百菌清或石硫合剂消毒,然后涂接蜡,进行保护

第四节　李树温室栽培

一、李树温室促成栽培要点

李树是保护地主要适栽树种之一，也是保护地生产中最易出现问题的树种。现根据李树温室生产特点，提出李树保护地栽培注意事项，供生产者参考。

1. 品种选择要对路

温室栽培李树，品种至关重要，直接关系到种植的成败。温室栽培以促进早熟为目的，生产中应选择早熟品种栽培；应选择成花容易、结果早的品种；由于受棚室空间所限，要选择树体矮小、有矮化效应的品种；棚室内昆虫数量少，空气流动性差，授粉多不良，坐果率低，因而应选择自花结实率高的品种栽培。总而言之，保护地栽培李树，应注意选择早熟、树体矮小、自花结实率高、品质好、商品价值高的品种，为保护地生产效益的提高打好基础。生产中表现好的品种有大石早生、长李、美丽李、五香李、七月红李、早红王等。其中大石早生李具有极早熟性，自花结实率高（一般可达15%～20%）；成花容易，抗寒、抗旱、抗病，适应性强；品质优良（果实卵圆形，平均单果重50g，最大可达100g，果顶尖，缝合线较深，较对称，果实底色黄绿，100%着紫色，果粉多、果点稀，果肉淡黄色或红色，肉质柔软多汁，纤维多，风味酸甜，可溶性固形物含量17%，鲜食品质极上）；着色美观，很受市场欢迎，商品性好；货架势期长（多数李品种在室温下仅可贮藏2～3天，而大石早生可贮藏7～10天，贮藏期的延长，使果实货架期延长，意味着商品性提高，市场竞争力增强）；树势强，树姿开张，萌芽率高，成枝力中等，可有效克服棚栽水果树势易衰弱的不足之处等特点，在生产中被大量应用，成为主栽品种之一。

2. 栽植密度要合理

李树温室栽培为高投入产业，生产者的愿望是在有限的土地上获得最大的回报，定植密度对产量的形成影响较大，定植太稀，产量低，效益难以提高；定植过密，树冠层易于郁闭，也不利花芽形成及所结果品质提高。李树树势强，树姿开张，萌芽率高，成枝力中等，新梢生长量大，生产中要注意合理密植，定植密度以1m×2m的株行距，每亩栽333株为宜，一般大冠形品种可稀植，小冠形品种可密植。

3. 大苗栽植

由于李树进入结果期较晚，温室生产中提倡大苗建园，以利早产，提高温室经营效益。可将苗用营养钵集中培育2～3年，树冠冠幅达1m以上的苗木移栽到温室内建园。栽前一天营养钵内浇水，以保持土球完整，栽时剪除营养钵，将带土球的苗木放入栽植坑内，埋土踏实，浇透水，覆地膜保墒。

4. 配置授粉品种

李树多数品种自花授粉率低，加之温室栽培时棚内空气流动性小，授粉昆虫数量少，授粉较难，不利坐果，生产中要注意授粉品种的配置，在温室栽培中，一般要配备1～2个与主栽品种花期相同或相近、花粉量大、经济价值高的品种作授粉品种，通常授粉品种与主栽品种按1∶6的比例配置，在株间插花栽植。

5. 促控要得法

温室栽培李树，在定植的头一年，前季管理上应以促为主，以促使尽快抽枝展叶，增加光合面积；到7月份花芽开始分化时，应控制新梢的生长，调配枝中的养分分配，使养分侧重于花芽形成，以促使形成优质花芽，为结果打好基础。因而在新梢长10cm时开始追肥浇水，株施尿素50g左右，结合追肥浇水，半月后再追肥一次，株施尿素100g左右，再过半月后再追肥一次，株施磷酸二铵100g左右，施肥后浇水，促进新梢生长。在新梢长30cm时，留25cm摘心，在离树干20cm部位选留第一主枝，以后中干每伸长20cm，留15cm摘心一次，刺激抽新梢，所抽新梢在长35cm时，留30cm摘心，到7月初，对所有新梢摘心，旺树喷200～300倍15%的多效唑，以控制新梢生长，促使树体内养分分配转向成花生长方向，以利形成优质花芽。

6. 树形要得当

由于棚膜下60cm内温差大，极易发生高、低温危害，保护地栽培李树，要求树梢顶部距棚面至少应在60cm以上。受温室空间所限，在整形时可采用两种树形，在棚内最南边一行，由于棚低，树形以开心形为主，以北的培养纺锤形，留枝量多，有利产量提高。为了提高光效，可采用由南到北台阶式渐高的方法培养树形，以促进多结果，提高生产效益。

李树树体生长旺盛，枝条坚硬，直立性强，生长中心易上移或外移，李树以短果枝或花束状果枝结果为主，易形成簇生短枝，但受到刺激时短枝易转化为长枝，李树结果枝结果年限为2～6年。根据以上特性，李树采用纺锤形整形，具有较明显的优势。

① 李树采用纺锤形整形时有利于树势的缓和。纺锤形整形，通常去枝量少，所留枝开角大，对树体刺激轻，有利树势缓和。

② 可保持短果枝群的稳定。纺锤形整形以缓放和疏枝为主要修剪手法，短截应用的少，可保持短果枝群的相对稳定，有效防止短果枝群受刺激而转化为长果枝。

③ 纺锤形整形留枝量较多，有利于快速增加光合面积，促进产量提高。

④ 树冠采光好，有利于防止结果部位外移，促进产量和品质的提高。

（1）李树纺锤形整形要点　温室栽植李树纺锤形整形时，定干高度由南到北逐渐提高，形成台阶式，以适应温室栽培的特点，应尽可能提高留枝高度，以利地面反射光的利用，最低应在离地面 60cm 处留枝，树干上第一分枝不要高于地面以上 80cm，定干后在 20cm 整形带内选留 2 个相互错开的枝作主枝，抹除其余芽子，中心干生长至 20cm 时，留 15cm 摘心，刺激抽枝。以后中心干每延伸 20cm 摘心一次，促使抽枝，对于抽生的枝条先放任生长，利用直立生长优势，促使形成健壮枝，以尽快形成光合面积。7～8 月当新梢长度达到 70cm 时，进行开角，使分枝角保持 75°～80°，这样当年即可配备 6～7 个主枝。冬剪时疏除主枝上的背上枝，短截中心干延长枝，剪留 20cm；进入生长季，中心干每延长 20cm 摘心一次，再配备 7～8 个主枝即可完成整形。树形整成后，树高应控制在 2.6～2.8m，全树配备 12～15 个主枝，主枝在中干上螺旋状排列，主枝间距 15cm 左右，保持分枝角 75°～80°延伸。

（2）李树温室栽培纺锤形整形修剪时注意事项

① 及时疏枝。李树为喜光树种，光照恶化易导致内膛枝枯死，生产中应注意及时疏除背上枝、密挤枝，保持树体有良好的通透性。

② 主枝多缓放。李树对修剪反应敏感，新梢发育旺的顶芽为叶芽，下部芽能萌发形成好多小枝，形成花芽，因而幼树期枝应多缓放、少短截刺激，以促进形成花束状果枝，尽早结果。

③ 开张枝条角度。李树枝条直立生长，树体抱合，树冠内通风透光性差，易导致结果部位外移，而纺锤形整形要求枝角度开张，因而在生产中应注意开张枝的角度，一般枝条分枝角应保持 80°左右延伸。

④ 要充分利用中长果枝结果，促进产量提高。李树温室栽培时，在扣棚期形成的枝段没有成花能力，每年更新修剪后要保持中长枝结果，以有效地增加结果部位，促进产量提高。

⑤ 更新枯死花束状果枝。李树结果几年之后，后部的花束状果枝易枯死，枯死的原因较复杂，但枝龄老化、枝梢过密、光照恶化是主要原因，修剪时应注意加强结果后枝的更新，更新修剪时要对结过果的枝重截，截留 10cm 左右，刺激形成中长枝，提高结果能力。

7. 适期扣棚

温室栽培李树，扣棚对生产影响较大，李树只有在完成休眠后扣棚，才能保证树体发芽整齐，提高坐果率。如果过早扣棚，则低温积温不足，树体没完成休眠，萌芽不整齐，有的甚至很长时间不能萌芽，影响生长与结果。一般早熟李树完成休眠需冷量大致为600～750h，在陇东正常年份12月下旬至元月上旬扣棚较适宜，如遇暖冬年份，则应延迟扣棚时间，防止扣棚过早现象的出现。

8. 加强环境调控

（1）温湿度控制要适宜　保护地栽培李树，由于环境可人为控制，应创造适宜李树生长结果的环境条件，管理要点如下。

① 扣棚后渐次升温。李树发芽的最适温度范围为8～14℃，扣棚后，如果升温太快，地温升高较气温慢，树体易发生先叶后花现象，不利坐果。因而扣棚后，温度应逐渐升高，一般扣棚第一周，苫帘全天覆盖，温室内温度白天控制在6～8℃，夜间－2～1℃；第二周苫帘白天揭起1/2，温度白天控制在8～10℃，夜间1～3℃；第三周白天苫帘全天拉起，白天将温度提高到13～15℃，夜间保持在3～5℃，应在3周内将温度提高到所需温度，每周日均温提高2～3℃为宜，以提高树体的适应性。

② 根据李树不同生长时期对温湿度的要求，合理调控温湿度。一般催芽期适温为8～14℃，白天最高温控制在15～20℃，夜间最低温控制在3～5℃，空气相对湿度要求高，要在85%～90%。花期较高的温度、较干燥的条件有利授粉，要注意增温、降低空气湿度，以利坐果，可通过揭盖苫帘、棚室通风等措施，将室内温度白天控制在20～22℃，夜间6～8℃，空气相对湿度控制在60%左右。坐果后，为保证果实正常生长，减少落果，要继续提升室内温度、控制湿度，将室内温度白天控制在18～22℃，夜间控制在6～10℃，空气相对湿度控制在50%～60%。

温度管理要特别注意两个关键时期，一是花期，既要注意防冻，又要注意防止高温危害，如果花期夜间温度低于6℃，则会出现先叶后花现象，延迟花期，降低坐果率，气温降到0℃以下时，会发生冻害。保护地的保温性能差别很大，保温性好的昼夜温差小，温度较稳定，而保温性差的，夜温下降快，有时甚至低于外界气温。因而对于保温性差的保护地，在夜间应注意加温，防止冻害发生。花期白天气温高于25℃，花器受损，柱头萎缩干枯，黏性下降，授粉时间缩短，花粉生活力降低，不利坐果；温度超过30℃ 1h，则会导致种植失败。二是果实膨大期，如温度超过30℃，则会导致枝梢徒长，加重生理落果，甚至发生日灼。因而在管理中应尽量创造有利坐果的环境条件，促进坐果率提高。

（2）补光　由于温室栽培在冬春季进行，外界日照时间短，加之覆盖棚膜对光的过滤，光照不足是影响生产的关键因素之一，生产中应注意补充光照，以保证光合作用的顺利进行，以利产量提高。补光从扣棚升温后开始，一直持续到揭膜，补光时间的长短应据外界日照的长短及天气状况而定，通常每天进行2～3h，在傍晚盖苫后或早晨揭苫前进行均可，一般每10m长的棚悬挂一个100W白炽灯即可，外界日照长时补光时间可短一点，外界日照时间短时可延长补光时间，阴雨天可全天补光。

（3）补充二氧化碳　温室中由于环境密闭，二氧化碳常处于贫乏状态，不能满足李树生长结果的需要，可在坐果后悬挂二氧化碳发生器进行补充，以提高植株光合作用的能力，促进产量提高。

9. 加强花果管理，提高产量、质量，促进生产效益提高

李树保护地栽培时，由于保护地内空气流动性小，昆虫数量少，不利坐果，必须加强辅助授粉，以提高坐果率。可采用棚内放蜂或用鸡毛掸子在授粉与主栽品种树上交替滚动的方法，完成授粉。保护地栽培李树，是高附加值产业，提高果实商品性，即为提高其经济效益，因而在生产中应严格疏花疏果。李树一般以短果枝和花束状果枝结果为主，而保护地中栽培时，长果枝所占的比例大，因而在生产中，应据枝的长势进行疏果，一般长果枝每15cm左右留1果，中果枝留2果，短果枝留1果，保持叶果比以25：1为宜。

李树生产中存在裂果现象，导致商品性降低。李发生裂果的原因比较复杂，其中果实生长期供水不匀、缺钙是主要原因，生产中要注意在果实生长期保持土壤湿润，防止土壤水分含量忽高忽低现象的出现，从果实膨大期开始，叶面喷施300倍美林高效钙，以减轻裂果现象的发生。

10. 加强肥水管理，保障物质供给

李树在保护地栽培时，在9月份注意施用基肥。基肥应以有机肥为主，以便全面补充树体营养，同时有机肥在分解的过程中会放出二氧化碳，可促进温室中二氧化碳浓度的提高，对李子产量的提高是非常有益的。一般株施充分腐熟的农家肥 5kg 左右，磷酸二铵 100g 左右，以促进枝条成熟，增加树体养分积累，为结果打好基础。李树对追肥浇水时间要求严格，花后如追肥浇水进行得早，易导致枝梢旺长，使树体内养分供给失衡，加重落果，有时甚至会导致果实全部脱落，因而追肥浇水应适时。一般应在坐果后半个月开始头次追肥，而且追肥时少施氮肥，应以氮磷钾三元复合肥为主，据树体大小和结果的多少，每次每株施 50～100g，小水浇灌，7 天后再追肥浇水一次。李树生产中易出现枯梢现象，如果发生，可通过土壤补充或叶面喷施硼砂或硼酸进行矫正，土施时每株施 0.2～0.3kg，叶面喷施时用 0.2%～0.3%的溶液。

11. 防病治虫，减轻损失

病虫危害常造成损失，影响生产效益的提高，生产中应加强防治。危害李树的病虫害主要有细菌性穿孔病、李红点病、蚜虫、李实蜂、李小食心虫、桃红颈天牛、螨类等，防治的关键是在扣棚前要搞好清园，喷施 5 波美度石硫合剂，控制病源，当病虫危害发生后，要根据主要病虫危害情况，选用代森锰锌、甲基硫菌灵、多菌灵等控制病害，用阿维菌素、吡虫啉、啶虫脒等控制虫害。

12. 采收

李果实皮薄、肉软、汁多，易受机械损伤，果实不耐贮运，采后若保存不当，后熟快，风味下降，损失严重。克服的主要措施有：

(1) 适期采收　李果应按不同的用途进行采收，一般鲜食的可在完熟期采收，以提高果实风味，作运输的可在果实充分膨大、绿色减退并出现固有色泽，达七八成熟时采收。

(2) 分期采收　由于保护地内不同位置的温度是不一样的，果实在树体上生长的位置也不同，果实所得到的阳光、温度是有差异的，因此它们成熟的时间是不同的，生产中应据果实不同的成熟时间，进行分批采收，以提高果实的商品性。

13. 加强采后管理，为来年产量的形成打好基础

李树温室栽培情况下，果实采收较早，采果后树体旺盛生长。在果实采

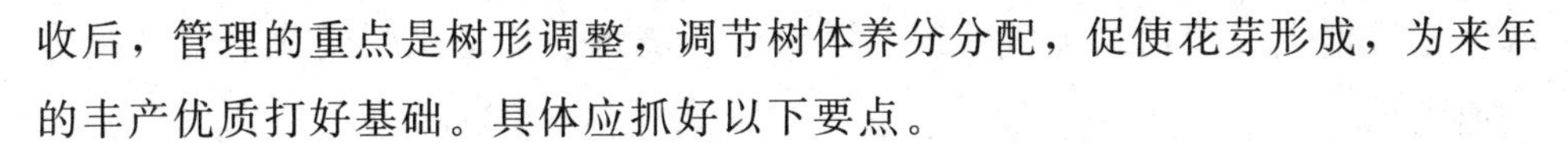

收后，管理的重点是树形调整，调节树体养分分配，促使花芽形成，为来年的丰产优质打好基础。具体应抓好以下要点。

（1）密度调整 李树温室栽培时，为了提高前期产量，种植密度较大，每年在果实采收后，要根据树体大小及时调整种植密度，通过隔行或隔株逐渐间伐，以保持园内有良好的通风透光性。

（2）树形调整 由于温室栽培李树受空间所限，树高、树冠均要求严格，加之栽植密度大、易郁闭；采果后果实对枝梢的抑制作用解除，枝梢进入旺盛生长期，易发生徒长；李的花芽多分布于一年生以上的枝，二年生以上的枝多为无效枝，因而采果后在树形管理上，应着力解决以下问题。

① 严格控制枝量。总体上要保持园内整体密、个体稀，纺锤形树体上大型结果枝轴应控制在12～15个，1亩总枝量在7万～8万条之间。

② 控制结果部位外移。以往生产中多采用三芽短截的方法，压制结果部位外移，但温室栽培的情况下这种方法是不适宜的，温室栽培提倡以长果枝结果为主，因而在采收后通过对结过果的枝重回缩的方法，每年剪留枝长10cm左右，防止剪留过长而导致结果部位外移。

③ 严格控制枝条徒长。可通过修剪与化学药剂相结合的方法控制。修剪以摘心控长、拉枝缓势为主，使枝条生长粗壮，形成优质结果枝，防止出现徒长，形成的花芽质量差，影响来年产量。

（3）控制花芽节位 花芽节位的高低直接影响产量，一般花芽节位越低，则有效结果部位越多，越有利于产量的提高，因而对于结果后的枝要重回缩，一般枝剪留一对叶芽即可。

（4）养树 辅养树体形成新的结果群体，这是促使来年结果的先决条件。

① 促生新枝。在采果后剪除无效枝，为新梢的生长创造条件，以利早发新梢，因而在管理中前期应以促进生长为主，争取在7月份花芽分化前树体基本成形。

② 追肥浇水。按照前促后控的原则，在采果后至7月份以前，追肥以氮为主，配合适量磷钾，最好施用高氮三元复合肥，每次每株施100g左右，少量多次进行，从新梢30cm长时开始追肥，每半月进行一次，共进行3～4

次，施后据土壤墒情及天气状况，适时适量浇水，加速肥料转化，促进树体快速生长。

③ 防病虫保叶。夏秋季高温、多湿，有利病虫害的发生。应重点加强细菌性穿孔病、白粉病、蚜虫、螨类等关键性病虫的控制。

(5) 促花　7月份李花芽开始分化，在管理上要配套，以利形成优质花芽。

① 拉枝缓势。对于生长较晚的枝，应将枝拉平，以缓和长势，增加枝中养分积累，促进成花，纺锤形树开枝角度85°左右，开心形树枝条以分枝角55°～60°延伸为宜，其他枝一律实行平枝处理。

② 施肥。7月份后追肥应以高磷三元复合肥为主，先在月初施磷酸二铵一次，株施100g左右，半月后施磷酸二氢钾一次，株施量150g左右，再过半月，每株施磷酸二铵和硫酸钾各150g，促进花芽形成。

③ 喷施激素，促进成花。旺树旺枝每半个月喷一次15%多效唑或PBO果树促控剂200～300倍液，抑制枝梢生长，促进花芽形成。

二、李树温室栽培周年管理历

时间	管理措施
1月	①清园:将园内枯枝、落叶、杂草清理出园,集中深埋或烧毁,减少病虫越冬基数,为全年防治打好基础 ②喷药:园内土壤、树体、棚架等部位全面喷一次3～5波美度石硫合剂,杀灭越冬的病菌虫体,降低病虫越冬基数 ③升温:李树发芽的最适温度范围为8～14℃,扣棚后,温度应逐渐升高,一般扣棚第一周,苫帘全天覆盖,温室内温度白天控制在6～8℃,夜间－2～1℃,第二周苫帘白天揭起1/2,温度白天控制在8～10℃,夜间1～3℃,第三周白天苫帘全天拉起,白天将温度提高到13～15℃,夜间保持在3～5℃,应在3周内将温度提高到所需温度,每周日均温提高2～3℃为宜,以提高树体的适应性
2月	①环境调控:一般催芽期适温为8～14℃,白天最高温控制在15～20℃,夜间最低温控制在3～5℃,空气相对湿度要在85%～90%之间;花期较高的温度、较干燥的条件有利授粉,要注意增温、降低空气湿度,以利坐果,可通过揭盖苫帘、棚室通风等措施,将室内温度白天控制在20～22℃,夜间6～8℃,空气相对湿度控制在60%左右 ②抹芽:萌芽后抹去多余的芽和双芽中的弱芽 ③疏花:在开花初期及时疏除多余的花,特别是串花枝,留花间距以7～20cm为宜 ④疏果:在花后20天左右开始疏果,疏去病虫果、发育不正常果、双果中直立向上长的果、过大过小的果 ⑤病虫害防治:剪除缩叶病病叶,喷施10%吡虫啉3000倍液,控制蚜虫及李食蜂的危害

续表

时间	管理措施
3月	①环境调控：坐果后，为保证果实正常生长、减少落果，要继续提升室内温度、控制湿度，将室内温度白天控制在18～22℃，夜间控制在6～10℃，空气相对湿度控制在50%～60%。坐果后开始补光，补光时间的长短应据外界日照的长短及天气状况而定，通常每天补光2～3h，在傍晚盖苫后或早晨揭苫前进行均可，一般每10m长的棚悬挂一个100W白炽灯即可，外界日照长时补光时间可短一点，外界日照时间短时可延长补光时间，阴雨天可全天补光。采取综合措施补充温室内二氧化碳量，促进光合作用的进行 ②定果：花后1个月左右定果，每花序留一果，长果枝留3～4果，中果枝留2～3果，短果枝留1～2果，花束状果枝留1果，保证树冠每平方米投影留果3.5～4kg ③追肥：坐果后每亩施氮磷钾(15-15-15)三元复合肥25～30kg，满足新梢快速生长和幼果膨大所需的营养，保证树体和幼果健壮生长 ④浇水：谢花后浇水，防止水分欠缺导致落果现象的发生 ⑤中耕除草：减少土壤水分养分的无益消耗
4月	①环境调控：将室内温度白天控制在20～25℃，夜间控制在8～12℃，空气相对湿度控制在50%～60%。每天补光1～2h，继续补充二氧化碳 ②树体管理：疏除过密枝、竞争枝、徒长枝，保持园内有良好的通透性 ③病虫害防治：根据园内病虫害发生情况，灵活用药防治。有叶螨发生时喷索利巴尔80倍液或15%哒螨灵3000倍液、73%克螨特2000～3000倍液、1.8%齐螨素3000倍液进行控制；有桃蛀螟发生时喷50%杀螟松1000倍液防治；在细菌性穿孔病发生时喷80%代森锰锌800～1000倍液或10%多抗霉素1500倍液防治；有炭疽病发生时喷70%甲基托布津800倍液防治；有褐腐病发生时喷0.2～0.3波美度石硫合剂防治 ④追肥：每亩追施氮磷钾三元复合肥20kg左右，以促进果实生长 ⑤浇水：施肥后浇水，加速肥料转化和吸收利用 ⑥中耕除草
5月	①环境调控：将室内温度白天控制在20～25℃，夜间控制在8～12℃，空气相对湿度控制在50%～60%。应注意加大昼夜温差，以提高果实品质，在成熟前应控制水分的供给，以有效减少裂果现象的发生 ②树体管理：在果实硬核期，对旺长新梢摘心，抑制生长 ③揭膜：在晚霜过后揭膜，揭膜前3～4天的白天将膜揭开，晚上盖上，对树体进行适应性锻炼，然后揭去膜，防止造成生产损失 ④采收：果实陆续成熟，要适时采收。李果不耐贮运，应依据市场远近做到适期采收，防止出现烂果损失 ⑤更新修剪：采果后及时对结过果的枝梢进行回缩，刺激抽出新结果枝，清除无用枝，调整树体结构
6月	①施肥：每亩施优质土杂肥3000kg左右，磷酸二铵30kg左右，尿素10kg左右，补充树体因结果所消耗的营养，促进新抽出结果枝的生长 ②浇水：天旱土壤墒情差时，可浇一次透水，以加速肥料转化，以利树体吸收利用 ③抹芽：及时抹除更新修剪后剪口附近的萌芽，剪口留单芽，以保持枝量适宜、田间通透性良好 ④防病虫：喷15%扫螨净2000～3000倍液防叶螨，加强褐腐病、炭疽病的防治

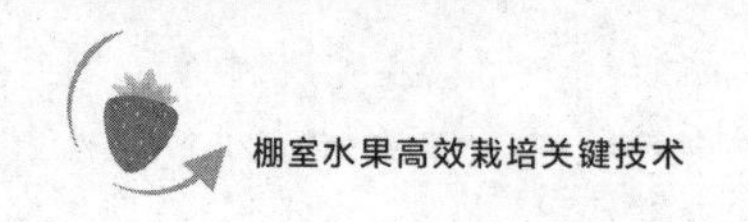

续表

时间	管理措施
7月	①化控：据枝的长势，喷15%多效唑或PBO果树促控剂200～300倍液，抑制新梢生长，促进成花，15天后再喷一次 ②调整枝量：疏除背上枝、内膛徒长枝，保证树冠通透性良好 ③防病虫：加强蚜虫和螨类控制，天旱时可喷10%吡虫啉3000倍液+1.8%阿维菌素3000倍液，以减轻危害
8月	①防病虫：在树干光滑处绑草把，阻止叶螨进入树皮裂缝中越冬，诱集桃蛀螟越冬幼虫，有果夜蛾和刺蛾危害时，可喷25%灭幼脲3号1500倍液防治 ②加强田间水分管理：进入雨季，雨后注意排涝，防止田间积水，影响根系生长
9月	①施基肥：每亩施优质农家肥3000～4000kg，氮磷钾三元复合肥30kg左右，以增加树体营养积累 ②耕翻：对行间进行耕翻，以熟化土壤，增加土壤通透性，耕深25～30cm，耕后耙平，防止跑墒 ③防病虫：田间有桃蚜和大青叶蝉危害时喷一次1500倍液的10%吡虫啉(一遍净)，控制危害
10月	覆膜：将树栽植行土壤整平，用幅宽为1.2m的薄膜，以树干为中心，每边覆盖一幅，保墒增温，促进生长
11～12月	①防病虫：刮除树体老翘皮，清理枯枝落叶，树干涂白，解下树上绑的草把，集中烧毁 ②整形修剪：李树萌芽率高，成枝力强，修剪中要严格控制枝量，保持树体有良好的通透性，要及时疏除背上枝、竞争枝、直立枝、徒长枝、外围过密枝

第五节　大樱桃温室栽培技术

一、大樱桃温室栽培注意事项

大樱桃是北方温室栽培效益较高的水果之一（图5-6），在保护地弱光、高温、多湿的条件下，易徒长，造成树冠郁闭、枝条细弱、花芽分化不良。

大樱桃保护地栽培生产期正值冬春季，光照时间短，室内光照差，加之空间密闭、通风不良，易造成白天高温、夜间高湿等不良环境条件，常导致树体虚旺徒长，树体抗性降低，裂果、落果现象发生频繁。因而大樱桃在温室栽培时应注意以下事项。

图 5-6　温室大樱桃树生长情况

1. 合理选择栽培品种

大樱桃保护地栽培时应注意选择果个大、耐贮运、品质好、自花结实率高、果实发育期短、需冷量少的品种。生产中应用的品种主要有红灯、美早、先锋、拉宾斯、萨米脱、明珠、雷尼、宾库、佳红、红蜜、早大果等早中熟品种。

2. 注意砧木的选择

砧木品种直接影响大樱桃树的适应性、早果性、丰产性及抗性，生产中应根据各地主要制约因素确定适宜的砧木，以取得最佳栽培效果。大樱桃保护地栽培时，由于受栽培空间的限制，对树冠大小要求较严格，因而在生产中应选择中华矮樱桃、吉塞拉 5 号、吉塞拉 6 号等矮化或半矮化砧木，以有效控制树体生长，促进早果。

3. 科学栽植

（1）栽植穴的标定　按株距标准在测绳上标注，将测绳顺行拉开，在标注点上撒白灰标定栽植穴，为了整齐，各行的第一株应在同一条线上，由于株距相同，这样可保证纵横成行，提高建园的整齐度。

（2）密度设计　大樱桃栽植密度设计要综合考虑品种特性、砧木的影响、地形条件、土壤肥力状况等因素。大樱桃树势旺、喜光，栽植不宜过密，一般嫁接在中华矮樱桃及吉塞拉矮化砧上的大樱桃可适当密植。大樱桃进行保护地栽培时，由于投资较大，生产中应注意合理密植，以提高产量，促进生产效益的提高。一般可按亩栽55～111株的密度栽植，栽得过密，虽然前期产量较高，但树体控制难度加大，易郁闭，影响整体产量和质量；栽得过稀，前期产量较低，效益上不去。

（3）授粉树的配置　大樱桃自花结实能力较低，在栽植时要选择花粉量大、与主栽品种花期相遇、本身性状优良的品种作授粉品种，以利提高产量。一般授粉品种数量应占到栽培总数的25％～30％。授粉品种在株间插花摆布，以利提高授粉效果。生产中常用的授粉品种配置如下：红灯可用巨红、佳红、宾库、先锋、拉宾斯作授粉品种；巨红可用红灯、佳红、宾库、拉宾斯、斯坦勒作授粉品种；佳红可用巨红、红灯作授粉品种；早大果可用红灯、美早、拉宾斯作授粉品种；美早可用先锋、拉宾斯、大紫作授粉品种；先锋可用宾库、拉宾斯、斯坦勒、那翁、大紫作授粉品种；雷尼尔可用先锋、宾库、红灯、斯坦勒、大紫作授粉品种；意大利早红可用那翁、大紫、红灯、先锋作授粉品种；大紫可用红丰、芝罘红、那翁作授粉品种；萨米脱可用先锋、意大利早红、佐滕锦、柯迪娅作授粉品种；柯迪娅可用先锋、雷佶娜等作授粉品种。

（4）栽植时间　大樱桃既可秋栽也可春栽，秋栽在落叶后到土壤封冻前进行，栽得越早越好，在这个时间段栽得早气温高，有利产生新根，秋栽的在栽后应及时进行埋土防寒；春栽的在土壤解冻后至发芽前进行，春栽的在适宜时间段内越迟栽越好，栽得迟，地温升高，有利发根，同时可减少苗木失水，防止抽条现象的发生。

（5）挖栽植穴　在大樱桃生产中提倡大坑栽植，通过挖大坑，进行微区改土，优化根系生长环境，有利提高成活率。一般定植穴的直径应在60cm以上，深度应在60cm以上，挖穴时表土心土分置，回填时用表土、土杂肥和作物秸秆等填穴，心土分摊，促进熟化。

（6）选用优质壮苗　苗木质量直接决定成活率和建园质量，大樱桃进行保护地栽培时，最好选择3～4年生、具有一定成花能力的树体栽培，以利栽后尽快受益。栽植苗木过小时，幼龄期过长，进入结果期迟；移栽树龄过大时，栽后树势不易恢复，影响生产效益的提高。

（7）栽植

① 防苗木失水。最好用自育苗，边起苗边栽植，外调苗木要缩短转运时间，运输过程中要多层保湿，防止苗木过度失水，影响成活。苗木运到后

如不能立即栽植，则应进行假植，防止苗木失水。

② 控根栽植。绝大多数大樱桃树势旺，栽植后童期长，进入结果期晚，生产中应采用限根栽培的措施，以控制旺长，促进早成花、早结果。保护地栽培时可推广容器栽培法，以达到限根控长的目的。

a. 起垄栽培。建园时用表土添加有机肥起高 20～30cm、宽 100～120cm 的垄，大樱桃树栽在垄上，有利提高地温、增加土壤透气性，可使根系分布浅、范围小，树体矮化、紧凑，易成花，进入结果期早。

b. 容器栽培。将大樱桃树栽在容器中，限制其根系生长，从而控制树体生长的方法。大樱桃生产中应用的主要有：

ⅰ. 袋式栽培。将塑料编织袋底剪掉，放入栽植穴中，袋中装土，将苗木放入袋中，可控制根系的扩展，从而达到控制树体的目的。

ⅱ. 台式砖槽栽培。在保护地内按株行距确定栽植区，在栽植区开挖宽 80～100cm、深 40～50cm 的土槽，用砖砌槽，槽沿与地面相平，槽底铺砖，槽内填充营养土，限制根系生长，控制树体。

③ 栽前苗木处理。由于大樱桃根系分布较浅，且生根较难，故在栽植前一定要对大樱桃树苗进行处理，以促进栽后根系萌生。栽前应对根系进行适当修剪，剪除劈裂伤根、枯死根，有根瘤的刮除根瘤，用 50～100mg/kg 生根粉＋500 倍 50％多菌灵液浸根 2h，促进新根产生，预防根癌病的发生，提高成活率。

④ 栽植。大樱桃喜水又怕涝，不耐盐碱，喜通透性良好的土壤，栽植前可结合整地先对园地土壤进行改良，做到土层疏松深厚、通气良好、肥水供应能力强、pH 值近中性，为大樱桃早果优质高产打好基础。土壤改良时应根据土壤不同类型，落实不同改良措施。重点应解决肥水渗漏、养分缺乏、土壤盐碱度和黏度过大等问题，一般沙地漏肥漏水现象严重，在整地时应大量增施有机肥并掺黏土，提高其保肥保水及供肥供水能力。山旱地瘠薄，水土流失严重，保水保肥能力差，栽前应通过整修梯田，增施有机肥，深翻改土、加厚土层，矫正缺素症等措施，提高土壤肥力水平和保水保肥能力。在盐碱地栽植大樱桃时，定植前应先挖沟，沟内铺 20～30cm 厚的作物秸秆，形成一个隔离缓冲带，防止盐分上升；大量施用有机肥，可以有效降低土壤 pH 值；在施用钾肥时采用硫酸钾，施用氮素化肥采用硫酸铵；勤中耕松土，切断土壤毛细管，减少土壤水分蒸发，从而减少盐分在表土的积

聚；采用地面覆草、地膜覆盖、种植绿肥等，均可有效地改良盐碱土壤。在黏土地建大樱桃园时，由于土壤透水性差，栽前应深翻、增施有机肥、掺砂改善土壤透气性。

栽植时要保持根系舒展、深浅适宜，应先将栽植坑用湿土回填至离地表30cm处，保持中高边低呈馒头状，然后放入苗木，扶直苗干，顺展根系，再填土，填至苗木与苗圃原土印相当，将树盘整成锅状。

（8）加强栽后管理，提高成活率

① 及时浇水。栽后每株树浇水15kg左右，以沉实土壤，利于根土密接，形成良好的土壤墒情，促进成活。

② 覆膜。待水渗下后，再覆一层细土，防止板结，然后以树干为中心，顺行覆盖黑色地膜，进行保墒。

4. 适期覆盖棚膜

大樱桃进行保护地栽培时，如树体休眠期需冷量不足，则树体生长不正常，发芽迟或萌芽不整齐，花芽不开放，花期较长，坐果率低或绝产。大樱桃解除休眠需冷量为624～1440h，不同品种的休眠期需冷量是有差异的，其中雷尼、佳红需冷量为792h，拉宾斯需冷量为624h，红灯需冷量为960h，先锋需冷量为1128h，萨米脱需冷量为1296h。陇东地区一般在元月上旬覆盖棚膜较适宜。需冷量多、休眠深的品种，在保护地栽培时，应采用推迟覆盖棚膜时间或进行人工强制休眠的方法，促进树体完成休眠，以保证覆盖棚膜后树体生长结果的正常进行。

大樱桃保护地栽培强制休眠方法：在11月份扣棚并加盖保温层，进行强制休眠，夜间打开通风口，白天关闭，掌握扣棚后的1～6天，每2天降温1℃，第7～13天每天降温1℃，第14～17天每天降温2℃，至第17天将保护地内温度降到7℃或降温前10～15天喷40%乙烯利600倍液，扣棚后第1～8天每天降温1℃，第9～10天每天降温2℃，第11～12天每天降温3℃，至第12天将保护地内温度降到7℃，休眠期温度控制在5～7℃。这样可保证树体在翌年元月份顺利完成休眠。

5. 注意控制树体高度

大樱桃在进行保护地栽培时，对树体高度要求较严格，一般要求树梢部距棚膜间距应在40～50cm，树体太高，树冠离棚面过近，温度变化幅度较大，不利坐果，落花落果较严重。

6. 注意防止地温过低

保护地内地温过低时，影响根系的生长，易导致根系生长滞后，树体萌芽早、开花快，出现“先叶后花”倒序现象。因而大樱桃在保护地栽培时要注意防止地温降得过低，可在扣棚前及扣棚后，通过地面覆盖地膜的方法，提高地温，促进树体地上部与地下部同步生长，以利坐果。

7. 注意加强环境调控

（1）采用渐进式升温法管理保护地内温度　在翌年元月份开始升温的第一周，保护地内温度白天控制在6～11℃，夜间控制在0～2℃；第二周白天控制在12～15℃，夜间控制在2～4℃；第三周白天控制在16～18℃，夜间控制在5～7℃；开花前白天控制在18～20℃，夜间控制在6～7℃；盛花期白天控制在18℃左右，最高不要超过20℃，夜间不要低于7℃；果实膨大期白天控制在20～22℃，夜间控制在10～12℃；成熟着色期白天控制在20～25℃，夜间控制在12～15℃。

棚内温度可通过揭盖保温帘及通风进行调节，一般情况下，在上午9时揭开保温帘，让树体接受太阳的光和热，下午4时后将保温帘盖上，进行保温。晴天棚内升温较快，要注意放风，防止温度超过30℃，造成高温危害。在阴天或气候寒冷时，要减少揭帘时间，防止温度降得过低。

（2）湿度调控　大樱桃不同生长时期对土壤湿度及空气湿度的要求是不一样的，一般要求土壤相对含水量应在60%左右，最大不要超过70%，不可剧烈变化。果实膨大期需水量大，但不可一次浇水过多，防止引起大量落果，浇水时应注意少量多次进行。覆膜初期至发芽期空气相对湿度应在80%左右，花期、坐果期至果实膨大期空气相对湿度应在40%～60%，果实着色期空气相对湿度应在30%～50%。

保护地内湿度主要通过浇水、放风及地膜覆盖地面的办法进行调节。土壤含水量低、空气干燥时，可通过灌水进行水分补充；土壤水分含量过高、空气湿度过大时，可通过放风排湿，降低空气湿度。

（3）光照调控　大樱桃为喜光树种，一般大樱桃树的结果能力和它接受的光照成正比。在光照充足的情况下，叶片功能强，制造的光合产物多，树势中庸健壮，发育枝封顶早，中小枝充实，早成花，花芽饱满，花粉发芽力强，果实成熟早，果个小，着色好，光泽鲜艳，含糖量高，果枝连续结果能力强，树体经济寿命长。光照不足时，树冠外围分枝多，长势旺，内膛叶薄枝弱，花芽分化不良，坐果少，质量差，果枝干枯，结果部位外移，树势强弱不均，树体寿命短。因而在生产中应注意选用高光效树形，保持棚面洁净，提高棚膜透光率，只要温度允许，应尽量打开保温被，即使阴天也应打开，以充分利用散射光。冬春季光照时间短，在夜间用电灯照明补光，增加光照时间，以促进产量的提高。

8. 采取综合措施，提高坐果率

花前10天开始，晴天中午放风，锻炼花器，接受一定量的直射光，提高花芽质量；盛花期喷300倍稀土微肥、0.2%～0.3%的硼酸或硼砂、10g/L的坐果灵，可有效提高坐果率。

加强辅助授粉，促进坐果率提高。保护地栽培大樱桃时，由于环境密闭，空气湿度大，空气流动性小，授粉昆虫少，即使在粉源充足的情况下，由于缺少授粉媒介，也不利坐果。因而大樱桃在保护地栽培时，要加强辅助授粉，以利提高坐果率。辅助授粉时可采用棚室内放蜂或人工授粉的方法，在花期应将棚室内白天温度保持在18～20℃，在花前2～3天棚室内放置蜜蜂，每棚放置1～2箱，增加传粉媒介，以利授粉，提高坐果率。也可在初花期放养壁蜂，每亩放壁蜂150头左右，可有效提高坐果率。在没有放养蜜蜂或壁蜂条件时，可进行人工辅助授粉，在盛花期用鸡毛掸子在树行间来回滚动，促进授粉，提高坐果率。

花后10天左右及时对新梢摘心，防止新梢与幼果生长竞争养分，减轻落果现象的发生。

9. 花期控水

大樱桃怕涝，花期浇水后，土壤中空气含量低，根系进行无氧呼吸，吸收功能下降，易导致树体上下营养失调，引起落花落果。因而在花期一般不要浇水。

10. 适量留果

保护地栽培大樱桃时，栽培密度大、空间小、叶片多，如果留果过量，树体超量负载，易出现大小年结果现象，所结果实个小、着色差、不利品质提高。留果太少，产量低，不利生产效益的提高。因而生产中应注意适量留果，一般保护地栽培时亩产应控制在1500kg左右为宜。留果多少要根据树体长势确定，一般一个花束状果枝留3～4个果即可，最多留4～5个，叶片不足5片的弱花束状果枝，一般不宜留果。

11. 防止大小年结果

大樱桃进行保护地栽培时，易出现大小年结果现象，导致产量起伏不定，严重影响生产效益的提高，生产中应注意克服。

（1）大小年结果的原因　大樱桃在保护地栽培时出现大小年结果的原因较复杂，根据生产实际，引起大小年结果的原因主要有：

① 过量结果。在结果过多的情况下，树体养分被大量消耗，不利花芽分化的顺利进行，导致来年结果量减少，出现大小年结果现象。

② 肥水供给不当。由于大樱桃花芽分化与果实生长同步进行，此期养分需求量大，营养生长与生殖生长之间养分竞争突出，如果肥水供给不足，则不利花芽分化的进行，易出现隔年结果现象。

③ 二次开花的影响。保护地栽培的大樱桃由于采收较早，在揭膜进入露地生长期，易出现二次开花现象，二次开花会消耗大量树体营养，影响花芽分化，不利来年结果。

④ 花芽老化。保护地栽培大樱桃较露地提早发育2～3个月，生育期延长，而花芽分化在6月份基本完成，容易发生后期分化或老化现象，影响第二年的坐果。

（2）防止大小年结果的措施

① 控制产量。大樱桃进行保护地栽培时，应将每亩产量控制在1000～1500kg，防止过量结果，促使有足量的营养供给花芽分化，以保证形成优质花，为来年结果打好基础。

② 加强花期肥料供给。一般花前追肥应适量，应注意控制氮肥的供给，增施磷钾肥，在落花后10～15天开始进行叶面补肥，每7～10天喷一次0.3%磷酸二氢钾。

③ 促使形成优质花芽。加强生长季修剪，促使树体内养分更多用于花芽形成，注意开张枝条角度，增加树冠内的透光率，增强内膛枝的成花能力，增加优质花的比例。

④ 防止二次开花。撤膜前进行通风锻炼，在外界气温稳定在15℃以上时撤除棚膜，采果后可适度轻剪，短截时要保留叶芽，防止修剪过重，出现二次开花现象。

12. 预防裂果，提高果实商品性

裂果是大樱桃生产中影响果实品质的主要因素之一，大樱桃果实发生裂果，会导致果实霉烂，降低商品率，影响生产效益的提高，预防裂果是大樱桃生产的难点之一，也是生产管理的关键之所在。大樱桃发生裂果的影响因素较多，生产中应注意针对性防治，以降低裂果的发生率。

(1) 裂果现象发生的影响因素主要有：

① 品种。品种不同，发生裂果的轻重是不一样的，一般果肉弹性好的品种裂果发生轻，果肉硬的裂果发生重，坐果率高的裂果发生轻，坐果率低的裂果发生重。

② 土壤。在土壤贫薄、排水条件差、黏重土壤上裂果发生率高，而在土壤疏松、排水条件良好的沙壤土上裂果发生程度轻。

③ 水分供给状况。果实近成熟时大水漫灌，造成土壤水分急剧增加，水分通过根系运输到果实，使果肉细胞迅速膨大，胀破果皮，造成裂果。空气中水分含量的急剧变化，也会造成裂果。

④ 天气状况。在果实成熟时，空气干燥，则裂果发生轻，空气湿度大时，就会发生大量的果实崩裂现象。

⑤ 树势。大樱桃在结果多的情况下，树势易衰弱，裂果发生率高，而在结果少的情况下，树势强壮，则裂果发生率较低。

⑥ 营养元素。在肥料供给方面，如果偏施氮肥，会导致树体徒长，影响对钙、钾肥的吸收，裂果发生率高，在施氮、钙、钾肥适量的情况下，裂果发生率低。

(2) 裂果现象的预防　根据以上裂果影响因素，在生产中应有针对性地进行预防，以减少损失，提高大樱桃生产效益。生产中应用的主要措施有：

① 合理选择栽培品种。温室生产中应优先选择红艳、红蜜、拉宾斯、先锋、佐藤锦等品种作为主栽品种，以减轻裂果危害，对早大果、布鲁克斯、红灯、雷尼等裂果发生率高的品种慎用。

② 科学建园。温室栽培大樱桃时，果园应建在不易积水、地下水位低的地块，要求建园地土质疏松、通气透水性良好、不易积水成涝，降雨后能及时排除田间积水。活土层至少在1m以上，最好实行起垄栽培。

③ 增施有机肥，提高土壤有机质含量和缓冲能力。

④ 有条件的尽可能采用滴灌栽培，均衡供水，防止土壤忽干忽湿。

⑤ 补钙。钙能促进细胞壁发育，提高果皮的韧性，从而提高果实的抗裂性，因而在生产中应注意加强钙肥的补充。补钙方法一是通过树盘土壤施

入，二是进行叶面喷肥。土施时每2～3年在春天或秋天，在树盘开沟，株施500～750g生石灰或2～2.5kg硅钙磷肥或钙镁磷肥。叶面喷肥时一般在花后两周左右开始，每10天左右喷一次300～500倍氨基酸钙或150倍氢氧化钙、100倍氯化钙，可有效减轻裂果。

⑥ 喷高脂膜粉剂。在幼果期喷高浓缩套袋型新高脂膜粉剂，喷后在果面迅速形成一层高分子超薄软膜，兼备反光防日灼、保温防寒、果实保鲜、防裂、抑制农药挥发、防止雨淋农药水解、灾害果补救等功能。一般在幼果期间隔20～30天喷一次，连续喷施2～3次。使用时打开包装，将新高脂膜粉剂A、B、C三种型号混合放进原包装瓶内，加凉水至瓶口，充分搅动成母液乳膏，将配制成的母液稀释为1000倍液喷施，喷后1h成膜，成膜后不怕雨淋，配制成的乳膏在常温下保质期180天左右，稀释液保质期20天左右，喷后1h内遇雨要重新补喷。

13. 应用生物反应堆技术，增加气肥，促进产量提高

秸秆生物反应堆技术是一项科学利用秸秆资源、提高作物产量、改善产品品质的现代农业生物工程新技术，该技术是在反应堆专用微生物菌种、催化剂和净化剂的作用下，将秸秆定向、快速地转化为植物生长所需的二氧化碳、热量、抗病微生物和有机无机养料，在每亩保护地应用秸秆量4000kg以上的情况下，可使保护地内二氧化碳浓度提高4～6倍，冬季地温提高4～6℃，气温提高2～3℃，减轻灾害性天气对生产的影响，连续应用，可减少化肥用量，保持作物高产。

大樱桃保护地生产中应用反应堆以内置式为主。内置式为主反应堆做畦时，应在树行间进行，在树行间按既定畦宽拉两根绳，在两绳之间开一条宽60～70cm、深20cm的沟，把提前准备好的秸秆填入沟内，铺匀、踏实，填放秸秆高度为15～20cm，南北两端让部分秸秆露出地面，然后把120kg麦麸拌好菌种均匀地撒在秸秆上，用铁锨轻拍一遍，让菌种漏入下层部分，然后覆土18～20cm，做好畦，在畦沟内浇水湿透秸秆，水面高度达畦高的3/4，浇水3～4天后，将提前处理好的疫苗撒在畦面上，并与10cm表土掺匀，找平畦面后覆盖，在畦面上打3行孔，行距20～25cm，孔直径14cm左右，孔距20cm左右，孔深以穿透秸秆层为准。最好在扣棚前10～20天做好，打孔待用。在大樱桃生长期就会有二氧化碳不断地缓缓放出，增加保护地内的二氧化碳含量。

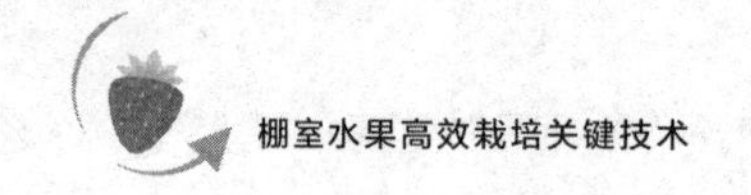

14. 推广氨基酸涂干技术

采用氨基酸液肥涂刷枝干，是水果追肥的一种新方法。用3倍氨基酸分别于升温后的萌芽前、落花后、硬核期、果实着色期和采果后各涂抹枝干10～60cm，可使树体生长健壮，叶色浓绿，叶片肥厚，促进果实提早着色和成熟，提高果实质量，且省工、省力、成本低。同时枝干涂氨基酸，不增加保护地内湿度，可有效减少裂果现象的发生。

二、温室大樱桃周年管理历

时间	管理措施
1月	①清园：将枯枝、落叶、杂草清理出园，以有效降低病虫越冬基数 ②喷石硫合剂：温室内细致地喷洒3～5波美度石硫合剂，以抑制病虫的发生 ③开始升温：在升温的第一周，温室内温度白天控制在6～11℃，夜间控制在0～2℃；第二周温度白天控制在12～15℃，夜间控制在2～4℃；第三周温度白天控制在16～18℃，夜间控制在5～7℃。空气相对湿度控制在80%左右 ④施花前肥：据树大小，株施土杂肥50～100kg，尿素0.25～0.75kg ⑤浇水：据土壤墒情浇水一次，将土壤相对湿度控制在80%左右，形成良好的土壤墒情
2月	①环境调控：白天温度控制在18～20℃，夜间温度控制在6～7℃，空气相对湿度控制在40%～60%，每天在盖苫后或揭苫前补光2h左右 ②辅助授粉：花前2天，温室内放养壁蜂，一般每亩放养150头左右，即可很好地完成授粉，没有放养壁蜂条件的，可进行人工辅助授粉，在盛花期用鸡毛掸子在树间来回滚动，完成授粉 ③喷肥：盛花期喷300倍稀土微肥、0.2%～0.3%的硼酸或硼砂、10g/L坐果灵、0.05%的赤霉素等，以提高坐果率 ④新梢摘心：花后10天左右对新梢摘心，防止新梢与幼果竞争营养，发生落果现象 ⑤控水：花期土壤水分含量大，土壤中空气含量低，根系进行无氧呼吸，吸收功能下降，易引起落花落果，因此花期一般不浇水 ⑥抹芽：在发芽后及时抹除位置不当的芽，保证树体有良好的通透性 ⑦疏花：疏除较弱果枝上的花，去掉较小的花朵 ⑧防病虫：花期喷10%多抗霉素1500倍液，防治花腐病，有蚜虫危害时喷10%吡虫啉3000倍液防治
3月	①环境调控：白天温度控制在20～22℃，夜间温度控制在10～12℃，空气相对湿度控制在40%～60%，每天在盖苫后或揭苫前补光1.5h左右，开始补充二氧化碳，以促进光合作用的进行 ②定果：一般一个花束状果枝留果3～4个，最多留4～5个，叶片不足5片的花束状果枝一般不留果 ③追肥：坐果后株施氮磷钾(15-15-15)三元复合肥0.5kg左右，保证营养供给，促进果实生长 ④浇水：施肥后浇水，促进肥料转化，提高肥料的利用率 ⑤防病虫：喷65%代森锰锌600～800倍液防治褐腐病、疮痂病、细菌性穿孔病、丛枝病、叶斑病，在树干中部用毛刷蘸48%毒死蜱2～3倍液涂6mm宽的毒环，防治蚜虫，10天后再涂一次，可有效控制蚜虫的危害 ⑥摘心：对过旺新梢摘心，防止生长过长

续表

时间	管理措施
4月	①环境调控：白天温度控制在20～25℃，夜间温度控制在12～15℃，空气相对湿度控制在30%～50%，每天在盖苫后或揭苫前补光1h左右，继续补充棚室内二氧化碳 ②中耕除草 ③防病虫：喷0.2～0.3波美度石硫合剂，防治褐腐病、疮痂病，喷65%代森铵500倍液，防治叶斑病和细菌性穿孔病 ④树体调节：注意抹除多余芽，疏除背上枝，旺长枝留15cm摘心，保证树体通透性良好 ⑤防裂果：在果实转色期开始稳定土壤水分供给，每周喷一次0.3%的氯化钙液，以减少裂果的发生
5月	①揭膜：在晚霜过后揭膜，揭膜前3～5天进行放风锻炼，使远离风口处的植株适应性提高，然后再揭膜，揭膜当天如风和日丽、气温稳定且较高时，可以揭去部分膜，但夜间必须重新盖上，以免温差过大，造成冻害。揭膜不能过急，过急易导致"闪苗"造成通风口以外的植株出现不同程度的黄化现象，影响植株的正常生长，花芽分化质量差，贮藏营养水平低，不利翌年生产的进行 ②果实采摘：由于果实在树体中所处的部位不同，成熟时间是不一致的，在采收时应采用分期分批采摘的方法，以提高果实的商品性 ③更新修剪：将结过果的枝重回缩，刺激抽生新的结果枝，对树体内无用枝进行疏除，保持良好的通透性
6月	①施促梢肥：亩施商品有机肥250～300kg，磷酸二铵20kg左右，尿素10kg左右，补充树体结果所消耗的营养，促进所发新梢生长，树冠形成 ②浇水：施肥后浇水，加快肥料转化，提高肥料利用率 ③抹芽：更新修剪后，抹除剪口附近萌发的多余芽，保持枝条单轴延伸 ④防病虫：喷10%吡虫啉3000倍液，防治潜叶蛾、蚜虫等，刮治流胶
7月	①促进花芽分化：对旺长新梢摘心，促进树体营养用于成花，提高花芽分化质量，对旺长树喷15%多效唑或PBO果树促控剂200～300倍液，抑制新梢生长，促进花芽分化的顺利进行，生长过旺树15天后再喷一次 ②调整枝量：疏除过密枝、内膛徒长枝，保持树冠通透性良好
8月	①防涝：8月份我国北方进入雨季，樱桃不耐涝，雨后要及时排除田间积水，保持根系良好生长 ②中耕：铲除田间杂草，减少土壤养分的无效消耗 ③防病虫：根据田间病虫发生情况，适时对症用药，控制危害
9月	①施基肥：据树大小株施农家肥30～50kg，尿素0.2～0.5kg，过磷酸钙0.5～1.5kg，以利树体冬前吸收，增加树体贮存营养 ②拉枝：大枝拉枝，缓和长势，将旺长枝梢拉平，以抑制营养生长，促进成花
10月	①耕翻：土壤耕深25cm左右，耕后细致耙平，防止跑墒 ②防病虫：喷50%辛硫磷2000倍液防治瘿瘤蚜、大青叶蝉 ③树体涂白
11月	强制休眠：扣棚并加盖保温层，进行强制休眠，夜间打开通风口，白天关闭，掌握扣棚后的第1～6天，每2天降温1℃，第7～13天每天降温1℃，第14～17天每天降温2℃，至第17天将保护地内温度降到7℃或降温前10～15天喷40%乙烯利600倍液，扣棚后第1～8天每天降温1℃，第9～10天每天降温2℃，第11～12天每天降温3℃，至第12天将保护地内温度降到7℃，休眠期温度控制在5～7℃。这样可保证树体在翌年元月份顺利完成休眠
12月	浇水：据土壤墒情，浇一次透水

第六节　温室促成栽培葡萄技术

葡萄是温室适栽树种之一（图 5-7），温室栽培葡萄不但可促进葡萄早熟提早上市，而且由于温室葡萄采收较早，可解除果实生长对冬芽的抑制作用，促进冬芽当年萌发，二次结果，提高产量，提高生产效益。因而温室栽培葡萄在我国北方发展很快。

图 5-7　温室葡萄生长情况

一、温室促成栽培葡萄技术要点

温室促成栽培葡萄时应综合抓好以下技术要点。

1. 建棚地址选择

由于葡萄生产周期长，加之温室栽培为高投入高产出种植业，因而应选择土层深厚、土质肥沃、有一定灌溉条件的地方建棚，并要求地势开阔，周围没有高大遮阴建筑物，为温室葡萄生产效益的提高打好基础。

2. 选择适宜的保护地栽培模式

目前生产中应用的保护地栽培模式有温室（冬暖棚）和大棚两种，其中温室栽培效果好，有利于发挥早熟的优势。温室以坐北朝南、南偏西 5°为好，跨度以 8～10m 为宜，长度 50～80m，脊高 3m 左右，屋面用拱架以木材为主，选用0.08～0.1mm厚聚氯乙烯无滴膜覆盖，北墙及山墙厚度应在1m以上，屋面前坡外挖深宽各50cm的防寒沟，沟内填入麦秸45cm，以提高保温效果。

3. 品种选择

温室促成栽培葡萄，应选择休眠期需冷量少、对低温要求不太严格、破除休眠容易、对高温高湿及低温适应性强、果实生育期短、市场销路好、商品价值高的品种种植。在葡萄品种中适宜保护地栽培的主要有乍娜、巨峰、六月紫、京早津、早生高墨、先锋、里查马特、凤凰-51等。

4. 秋季带叶移栽大苗

在9月中下旬至10月上旬温室建成后，及时带叶移栽2年生以上的大苗，通过冬前缓苗，以利第二年投产，提高温室的经营效益。在移栽时应掌握"三大一快"的要求，即采用大坑、大肥、大水、快栽植移栽法，定植穴中施入优质农家肥50～75kg，浇水50kg，采用边起苗边移栽的方法，缩短植株露根的时间，栽时多带土、少伤根，这样栽后15～20天就可长出新根，为结果打好基础。

5. 合理密植

为了充分利用空间，温室栽培葡萄时应实行计划密植，一般采用宽窄行栽植法，据土壤肥力及管理水平而异，宽行多为1m，窄行0.5m，株距0.35～0.4m，每亩栽2300株左右；也有采用等行距栽植的，行距1m，株距0.35～0.4m，每亩栽植1668～2223株，南北成行，在结果后第二年隔株间伐，将密度降到800～1110株/亩。这样有利于产量的提高。

6. 架式选择

温室内由于高温高湿，光照不足，植株易发生徒长现象，应采用棚架栽培，棚架顶部离暖棚棚面保持1m左右距离（图5-8）。

7. 秋施基肥

在落叶后每亩施优质农家肥4000～5000kg，过磷酸钙30～35kg，尿素5～7.5kg。

8. 冬剪

在落叶后及时进行，用龙干整枝方式，每株留一条蔓，实行中长梢修剪，结果母枝选留充实、芽眼饱满的枝蔓剪留在饱满芽处，延长梢剪留成熟枝的2/3，主蔓上每隔30cm培养一个结果母枝，留一个1～2芽的短梢作预

图 5-8　温室葡萄棚架栽培

留枝。

9. 扣棚

一般在葡萄完成自然休眠后扣棚较适宜，这样有利于提高萌芽率，使新梢生长整齐。通常在秋末落叶后，夜间温度在 7℃左右时（高于 0℃，低于 10℃也可）进行扣棚，并盖上草苫。一般在 12 月中旬扣棚较适宜，不同的品种由于需冷量不同，扣棚早晚有别。

10. 扣棚初期的环境管理

（1）升温　要逐渐进行升温，在扣棚后要先实行低温管理一周，以后逐渐将温度升高至白天 28～30℃，夜间最低 10℃，土壤最低温度 13℃，促进芽萌发。如果升温太快，反而会抑制萌芽。一般在扣棚后，白天盖草苫，夜间打开通风口，让棚室温度降低；白天关闭所有通风口保持低温，大多数品种经过 30～40 天的低温预冷，便可满足其对低温要求。

（2）空气湿度要有保障　葡萄萌芽需要较高的空气湿度，湿度低不利萌芽的顺利进行，扣膜后 10 天至展叶期空气相对湿度应保持在 85%～90%，湿度不够时应人工喷雾，增大空气相对湿度。

11. 葡萄生长期的管理

（1）环境管理　在新梢生长期室内温度白天保持 25℃，夜间保持在 10℃左右；开花坐果期白天室内温度控制在 28℃左右，夜间最低 16℃以上；果实膨大期室内白天温度控制在 30℃左右，夜间最低 20℃左右；在葡萄着色期白天保持28℃左右，夜间保持16℃左右。在新梢速长期空气相对湿度以70%为宜，在开花授粉期应加大通风、降低温度，相对湿度保持在50%左右，果实膨大期空气相对湿度保持在60%～80%。在中午高温时应及时通风，以增加室内二氧化碳的含量。

（2）树体管理　在萌芽后应及时抹除多余的芽，当新梢开始生长时，要抹除副芽枝、隐芽枝；在新梢长20cm左右时按留梢目标，每平方米架面均匀留10个左右的新梢，将其余梢及时抹除；在坐果后剪除多余枝及徒长的新梢。在花序分离后，将果穗顺到架下，将强旺新梢均匀地绑在架面上。在花前于花上留6～8叶摘心，提高坐果率，并去掉花穗下的副梢。7～8月份，对旺长新梢摘心，促进营养积累，对于萌发的副梢保留1～2片叶反复摘心。每平方米架面适宜的留果量为3～4kg，不宜过多，穗重500g以上的大穗品种每结果枝留1穗，花序分离后去副穗并掐去1/4穗尖，果穗紧凑型品种在果粒膨大时疏去1/3果粒，促使果粒均匀。在新梢展开6～7片叶时，树上喷布200～250倍的比久（B_9），每亩用药200g左右或在初花期喷1次0.2%的硼砂，花期喷一次25mg/L的赤霉素，以提高坐果率。在落花后1～7天土施多效唑，每株施0.15～0.45g，以抑制新梢的生长，促进花芽形成。

6月葡萄采收后及时将已结果枝蔓重回缩，让其基部生长出的预留带叶新蔓快速生长，第二年用该新蔓结果。回缩时间越早、部位越低，所形成的新梢生长越迅速，花芽分化越好。修剪后树体当年能形成树冠，对下一季的结果没有不良影响。

（3）土肥水管理　在生长期应及时中耕，保持土壤疏松。在果实膨大期每亩追施尿素25kg，过磷酸钙50kg，草木灰300kg；在果实采收后，每亩施腐熟有机肥4000kg左右，过磷酸钙75kg，草木灰500kg，以补充树体因结果而消耗的大量营养。有机肥必须充分腐熟，否则会烧根，影响葡萄生长。在常用的农家肥中，以牛羊粪最好，猪粪最好和牛粪或秸秆以1∶2的比例进行混合发酵腐熟后施用。鸡粪由于含有尿激酶、盐、抗生素、火碱及重金属等，施后土壤易板结、酸化，易引起根腐及根结线虫的发生，最好不要施用，如果施用，每亩施量应控制在$2m^3$以下，最好将鸡粪与牛粪按1∶3的比例混合发酵腐熟或将$1m^3$鸡粪和1000kg作物秸秆进行混合发酵后施用。有机肥施用时要做到深和匀，施肥深度应在30～40cm，最好采用全

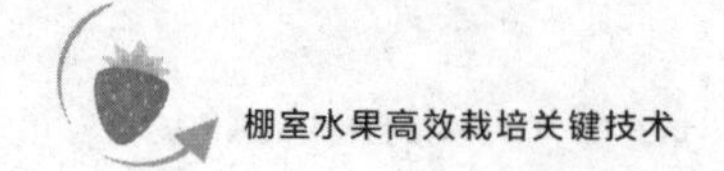

园撒施，以增加肥料和根系的接触点，提高肥料利用率。在萌芽前灌一次透水，促进萌芽；在果实生长期视土壤墒情，采用小水勤灌的方法，以促进果实膨大；在入冬前灌一次封冻水。

有条件的应尽可能地推广滴灌技术，沿葡萄种植方向铺设带有滴头或小孔的配水管道，以间断、连续水滴或细流的形式缓慢地将水送到根部土壤表面。这种方式可节约用水，提高肥效，保持良好的土壤理化性状，有效地控制温室内的空气湿度，抑制病害的发生。

（4）病虫防治　温室内主要以病害为主，应采取综合防治措施加以控制。可在11月修剪后，清除园内的所有枯枝、落叶，剥除主干、主蔓上的老皮，集中烧毁或深埋，减少病原。萌芽前喷一次3～5波美度石硫合剂，2月上旬用1波美度左右的石硫合剂＋0.2％五氯酚钠喷雾，铲除病原。在2月中旬以后，视田间病虫情况应用烟剂和喷雾相结合的方法，控制危害。生长前期，如棚内湿度过大，温度过低，宜采用烟剂防治，保护性烟熏宜使用百菌清烟剂，治疗性烟熏宜选用霉核净、灰核特、防灰快、灰霉一净等，烟剂必须连续应用两次才能见效，间隔期2～3天。生长后期，如湿度大、温度高，易染霜霉病、白腐病，可用9％白腐·霜克400～500倍液或10％世高1500～2000倍液、35％瑞毒霉1200倍液、3％多抗霉素7500倍液喷防；如有蚜虫、白粉虱、螨类等，先用烟熏法防治，药剂有蚜虱灵烟剂、敌百虫烟剂等，较严重时可喷10％吡虫啉3000倍液或1.8％齐螨素3000～4000倍液防治。有条件的可应用臭氧防治机控制病害，臭氧在常温、常压下分子结构不稳定，很快自行分解成氧气和单个氧原子，氧原子具有很强的活性，对细菌有极强的氧化作用，能将其杀死，多余的氧原子则会自行重新结合成普通氧分子。臭氧防治机产生的低质量分散的臭氧，可以防治霜霉病、灰霉病、白粉病等，具有杀菌谱广、杀菌速度快、使用简便、无二次污染的特点。

在温室内悬挂黄板诱杀蚜虫、白粉虱、斑潜蝇等害虫的成虫，控制危害。

二、温室葡萄生产中易出现的问题及对策

1. 徒长现象

温室栽培葡萄，在生长前期及后期，温度、湿度较高，高温高湿有利于

枝叶生长，不利于物质积累，导致植株徒长、虚旺，坐果率低，产量很难提高。克服徒长现象是温室葡萄生产中的关键环节之一，主要措施有：

（1）控制温湿度　除在催芽期给予较高的温度和湿度外，在其他时间应控制温湿度，以控制徒长现象的发生。具体应做到催芽期温度保持在20～25℃，相对湿度在90％以上，以后可将温度提高到25～28℃，相对湿度降到60％～70％，特别是在新梢有5～6叶时应保持相对干燥的环境条件。

（2）合理修剪　由于温室葡萄生长在高温高湿环境中，枝条易徒长，修剪时一般以中短梢修剪为主，适当应用长梢修剪，以减少枝量，提高通透性。

（3）加强生长季的管理　及时抹芽、除副梢，防止园内郁闭。

（4）对于旺长枝的处理　对于一般旺长枝在生长期进行多次摘心，减少营养生长量，缩小节间距离；对于生长过旺的枝蔓，可将其绑压在铁丝上，以减弱顶端优势，也可实行环剥，以控制长势。

（5）合理施肥　控制氮肥的施用，增施磷钾肥促使生长中心向生殖生长转化，缓和营养生长。

2. 坐果率低

葡萄在采用温室栽培时，一方面由于枝蔓易徒长，导致生长中心偏重于营养生长，不利坐果；另一方面，由于温室内通风、光照条件较露地差，也使其坐果不良，因而提高坐果率应作为生产的重点来抓。具体应抓好以下措施：

（1）严格控制徒长　通过摘心、环割、合理施肥等措施进行调节，使生长中心转向生殖生长，以利结果。

（2）调节通透性　通过调节通风口的开关，加大棚内的通风量，及时清扫棚膜上的灰尘，提高透光率，实行人工补光，改善通风透光条件，创造有利坐果的环境条件，以利坐果。

（3）改革施肥方法　多施用有机肥和磷钾肥，以稳定生长势，增加植株的物质积累，促进坐果率的提高。

3. 着色差

温室葡萄由于栽培环境的改变，通常易出现着色差的问题。问题原因主要有施氮肥过多，植株生长过旺，负载量大，环境湿度大，光照不足及光质差等。着色好坏是葡萄主要质量指标之一，改善温室葡萄着色程度的具体措施有：

① 正确施肥。应以有机肥及磷钾肥为主，增加树体有机物的积累，提高果实中糖的含量，提高着色程度。

② 严格控制枝蔓长势。防止徒长现象的出现，保持园内群体健壮，防止出现郁闭现象。

③ 要合理负载。将亩产量控制在1500kg左右，对多余的果穗应及早疏除。

④ 保证壮枝结果，实行一枝一穗果。

⑤ 要及时通风排湿，保证光合作用的顺利进行。

⑥ 要保持棚面的洁净，提高光能利用率。

⑦ 人工补光。在果实生长期，用日光灯悬在植株上面45～60cm处，每天补光2～3h。

⑧ 疏枝摘叶。在果实开始着色时，将遮光的老叶摘除，疏除果实周围的遮光枝，增加果实的浴光程度。

⑨ 适时揭膜。在5月中下旬及时揭膜，让果实在自然条件下受光，有利于提高着色程度。

4. 萌芽及新梢不整齐

原因主要是芽的质量不同，破除休眠早晚有别。主要通过修剪进行克服，一般棚栽时宜采用中长梢修剪，但为了提高萌芽及新梢生长的整齐度，可以将枝剪在饱满芽处，多留结果母枝，在萌芽后再选择生长大体一致的枝梢留用，抹除相差太大的枝梢，这样就可促使萌芽及新梢生长整齐。

5. 病害发生严重

由于温室栽培葡萄时，葡萄生长在高温高湿的环境条件下，有利于病害的发生，不利于产量的提高。一般生产中常发生的有褐斑病和霜霉病，严重时会造成落叶；黑痘病可侵染地上所有幼嫩部分，影响植株生长发育；炭疽病主要为害果穗，导致果粒干枯，丧失经济价值；白腐病在果实近成熟时危害，主要为害果穗和枝梢，也可为害叶片，往往与炭疽病并发，造成很大的损失。

温室栽培葡萄病害防治的关键在于：

① 控制棚内的温湿度，温度应控制在28℃以下，湿度除催芽期适当给以较高湿度外，其他时期应降低空气相对湿度，这就要求在栽培过程中应加

强通风，以降低空气湿度，恶化病害发生的环境条件，阻止病害的发生。

② 应注意合理施肥，避免偏施氮肥，增施磷钾肥和有机肥，保证植株健壮生长，提高植株的抗病性，减轻病害造成的损失。

③ 要及时喷药保护。萌芽前喷3～5波美度石硫合剂进行清园，萌芽前后交替喷600～800倍液的80%大生M-45、78%科博，花前、花后各喷一次70%甲基硫菌灵可湿性粉剂800倍液+40%嘧霉胺800倍液或10%多抗霉素500倍液预防灰霉病、白粉病的发生。根据病害发生情况，在7～8月份雨季来临前喷1∶1∶200倍波尔多液预防霜霉病，雨季来临后，可用70%甲基托布津、80%代森锰锌、50%多菌灵等交替喷防，以延缓病菌抗药性的产生。霜霉病发生后，每7天喷一次66.8%的霉克多600～800倍液，连续喷施两次，可有效控制危害。虫害可用10%吡虫啉乳油3000倍液、48%毒死蜱乳油1500倍液喷防。

三、温室葡萄周年栽培管理历

时间	管理措施
1月	①催芽：一般葡萄在1月底或2月初趋于完成休眠，标准加温温室多在1月底2月初升温催芽，早期加温温室可于1月上旬催芽，早期加温催芽的需采用石灰氮打破树体休眠，以提高萌芽的整齐度。通常用1kg石灰氮加5kg热水，不断搅拌，浸泡2h以上，并加适量展着剂配制成20%石灰氮液，在晴天上午10时以后至下午3时以前，用小毛刷蘸取适量石灰氮液，均匀地涂抹在结果母枝两侧芽眼处，涂抹长度为枝蔓的1/3 ②开始升温：元月中下旬开始升温，升温时应注意采用分段式升温法，防止升温太快，导致气温比地温高，反而抑制萌芽。一般通过苫帘的揭盖进行控制，通常在开始升温的第一周揭去1/3的苫帘，第二周揭去2/3的苫帘，至第三周全部揭去苫帘，逐渐将温度升高至白天28～30℃，夜间最低在10℃，土壤温度最低保持在13℃，促进芽萌发。此期土壤相对湿度要控制在70%～80%，空气相对湿度应保持在90%以上 ③清园：彻底清除园内所有的枯枝、落叶，剥除主干、主蔓上的老皮，清除园内杂草，集中烧毁或深埋，减少病原 ④消毒：用3～5波美度石硫合剂+0.5%五氯酚钠对园内的地面、棚架及植株进行一次喷雾，铲除病原
2月	(1)植株管理 ①抹芽：在萌芽后及时抹除多余的芽 ②除副梢：在副梢刚伸出1片叶时，用手轻轻抹掉，既节省营养，又有利通风透光，也不损伤冬芽 ③抹梢定梢：当新梢开始生长时，要及时抹除副芽枝、隐芽枝，将新生的嫩梢疏开；对于枝梢较弱而又发芽整齐的，可早抹芽定枝。在开花前，新梢长20cm左右时，棚架按每平方米留新梢12～15个定梢，篱架每隔12～15cm留1个新梢。树势强的适当多留梢，弱时酌情减少，但不宜太少，可采用多留梢少留穗的方法定梢

续表

时间	管理措施
2月	④引缚：新梢长到40cm左右时开始引缚，通过引缚，改变新梢伸展方向，调整生长势。先引缚直立旺梢，使其水平并与主蔓成直角，过强梢要先捻后引，弱梢可不引缚，任其自然生长 (2)环境调控 ①温度调控：白天将温度控制在25～28℃，夜间保持在15℃左右，新梢展开6～7片叶时，白天温度控制在25℃左右，不要超过30℃ ②湿度调控：土壤湿度要控制在75%～80%，空气相对湿度要控制在60%以上，如果土壤墒情差，可采用滴灌的方法进行土壤水分补充 ③光照管理：要保持棚面洁净，提高透光率。在此基础上，每天在早晨揭苫前或下午盖苫后，用白炽灯补光2～3h ④气体调节：在不影响葡萄生长的情况下，要适当通风换气，以降低棚室内有害气体的浓度，防止出现气体危害 (3)病虫害防治　喷10%苯醚甲环唑2000倍液或12.5%速保利(烯唑醇)3000～4000倍液＋10%吡虫啉2000倍液或1.8%阿维菌素3000倍液、48%毒死蜱1500倍液防治黑痘病、霜霉病、炭疽病、白粉病、灰霉病、毛毡病、绿盲蝽、二星斑叶蝉等病虫害
3月	(1)植株管理：在盛花前7～10天摘心，对结果枝在花穗上留5～7叶摘心，强梢可稍早摘心，弱梢晚摘或不摘。对萌发的多次副梢，可保留1～2片叶反复摘心 (2)花果管理 ①喷比久：当新梢展开6～7片叶时，树上喷0.3%～0.5%(200～300倍)比久，每亩用药200g左右，可有效抑制新梢生长，提高坐果率 ②喷硼：花期叶片、花序喷0.3%～0.5%硼酸或0.3%硼砂，每5天喷一次，连喷两次，对提高坐果率有显著效果 ③喷赤霉素：盛花期以20～40mg/L赤霉素液蘸花序或喷雾，可提高坐果率 ④疏花疏穗疏粒：温室葡萄亩产应控制在1500～1700kg，每平方米架面留4～5穗果即可，在花前疏除过多花序，一般1个梢留1穗果，弱梢不留果，强梢留2穗果，同时掐去副穗和1/3左右的穗尖，每穗留15～17个小花穗。坐果后修整果穗，剪掉夹在果穗中的或突出的无核小粒，每穗留40～50个果粒 (3)环境调控 ①温度调控：白天温度控制在28℃左右，夜间温度保持在16～18℃ ②湿度调控：土壤相对湿度控制在65%～75%，空气相对湿度控制在50%以上 ③补光：每天补光1～2h ④补充二氧化碳：用二氧化碳发生器补充温室内二氧化碳的浓度，促进光合作用的进行，增加光合产物积累 (4)土肥水管理 ①控制浇水量，防止枝梢徒长 ②结合除草，进行中耕，以疏松土壤，促进根系生长 ③追肥：坐果后，每亩施氮磷钾有效成分含量比为2：1：1的专用肥30～45kg或亩施尿素10kg＋复合肥25kg＋硅钙镁钾特种肥50kg，以利坐果和幼果生长 ④病虫害防治：喷20%阿米西达2000～2500倍液或50%乙烯菌核利300～500倍液＋1.8%阿维菌素3000倍液或0.3%苦参碱200～300倍液防治黑痘病、霜霉病、灰霉病、白粉病、炭疽病、锈病、红蜘蛛、透翅蛾、绿盲蝽等病虫害

续表

时间	管理措施
4月	(1)植株管理 ①摘心:旺长新梢继续摘心,掐去梢尖,以积累营养,促进果实生长 ②副梢留1~2片叶摘心 (2)环境调控 ①温度调控:白天温度控制在25~28℃,不要超过30℃,夜间保持在18~20℃,不要超过20℃。要加强通风管理,特别注意高温危害 ②湿度调控:土壤相对湿度控制在70%~80%,空气相对湿度控制在60%~70% ③补光:随着日照时间的增加、气温升高、揭苫时间的提前和盖苫时间的延迟,补光时间缩短,每天补光0.5~1h即可满足生产需求 ④继续补充二氧化碳 (3)土肥水管理 ①中耕除草,控制杂草生长,防止草害成灾 ②每周浇水一次,促进果实膨大 ③追肥:每亩施尿素5kg+复合肥25kg+硫酸钾15kg (4)病虫害防治 喷25%嘧菌酯2000倍液或30%的醚菌酯1500倍液+48%毒死蜱1500倍液或10%吡虫啉1500倍液防治霜霉病、炭疽病、白粉病、酸腐病、毛毡病、螨类等病虫害
5月	(1)环境调控 ①温度调控:白天温度控制在28~30℃,夜间温度控制在15℃左右,尽量加大昼夜温差,以增加果实含糖量,促进着色 ②湿度调控:控制浇水量,保持土壤相对湿度在55%~65%,空气相对湿度在60%~70%,防止湿度过大而引起裂果或诱发病害 ③继续补光 ④加大通风量,防止高温危害 (2)土肥水管理 ①加强中耕,控制草害 ②控制浇水次数和浇水量,防止土壤湿度过大 ③每亩追施硫酸钾15kg+磷酸二氢钾5kg,以利果实着色 (3)病虫害防治 喷施10%苯醚甲环唑2000倍液或30%的醚菌酯1500倍液+1.8%阿维菌素3000倍液防治霜霉病、白腐病、褐斑病、红蜘蛛等病虫害 (4)地面铺反光膜,后墙悬挂反光幕,促进果实着色
6月	①揭膜:揭膜前2~3天,白天将膜揭开,晚上盖上,进行适应性锻炼,然后在晴天将膜全部揭下 ②果实采摘:根据市场的需求、距市场远近及果实成熟情况,适时采摘果实,果实采后用纸包好,装入纸箱中待售 ③更新修剪:采果后及时将结过果的枝蔓重回缩,让基部长出的预留带叶新蔓快速生长,第二年用该新蔓结果。回缩的时间越早,部位越低,所形成的新梢生长越迅速,花芽分化越好 ④补养:采果后每亩施充分腐熟农家肥4000kg+高氮复合肥10kg左右,补充树体因结果所消耗的营养 ⑤浇水:据天气降水情况和土壤墒情,灵活浇水,保持土壤湿润 ⑥抹芽:留梢更新修剪后,要及时抹除多余芽,每株留1个新梢,集中营养供给,促进所留新梢旺盛生长

续表

时间	管理措施
7月	(1)植株管理 ①绑蔓:为了合理利用空间,应将新发生的蔓均匀地绑在架上。一般在新梢30cm左右长时开始第一次绑蔓,将蔓绑于铁丝上,要求枝蔓在架上分布均匀,整个生长期要不断进行,一般需绑2～3次 ②副梢处理:对于主梢叶腋间萌发的二次梢,要限制其生长,防止其大量生长后导致园内光照恶化,消耗大量营养,影响主蔓生长。更新修剪后,对于主蔓叶腋间萌发的二次梢要全部抹除 ③整形修剪:更新修剪后,多采用长梢修剪,由地面直接培养1～1.5m的长梢作结果母枝,在第一次绑蔓后,随蔓生长,依次绑于第二、三、四道铁丝上 (2)防伏旱　夏季易发生干旱现象,影响枝蔓生长,要根据田间土壤墒情,适时适量浇水,以保证枝蔓正常生长 (3)叶面喷肥,促进枝蔓健壮生长　结合防治病虫害,叶面喷施0.5%尿素+0.3%磷酸二氢钾,补充营养 (4)防病虫　要加强对透翅蛾、螨类和霜霉病的防治,可喷10%吡虫啉2000倍液或48%毒死蜱1500倍液,控制虫害,喷1～2次倍量式波尔多液,控制霜霉病的发生
8月	(1)树体管理 ①继续绑蔓 ②除副梢:除掉主蔓上所有副梢,主蔓长有16～20片大叶时,才能保证枝梢成熟、翌年发芽整齐和产量稳定 ③摘心:主蔓长满架面后,及时摘心,掐去梢尖,以积累营养,促进主蔓长粗壮,促进花芽分化 (2)病虫害防治　8月份进入雨季,是霜霉病等病害的高发季节,如出现病斑,可交替用50%烯酰吗啉2000倍液或72%克露800倍液喷防,控制危害 (3)除草
9月	①施基肥:现代葡萄生产中基肥施用时应以迟效性有机肥、速效性复合肥、生物菌肥、土壤调理剂混合配施效果好,其中有机肥可全面补充营养,复合肥可快速增加土壤中养分含量,生物菌肥可提高有机肥的肥效,土壤调理剂可调节土壤的酸碱性。一般每亩施用充分腐熟的农家肥4000kg以上、复合肥50～70kg、生物菌肥30～40kg、土壤调理剂+40kg左右,在树行间开深30～40cm的沟,将肥料撒施沟内,与土充分混匀,填沟 ②浇水:施肥后浇一次透水,以加速肥料溶解,促进肥料转化,以利树体吸收利用
10月	①换地膜:揭掉旧地膜,整修栽植行,用新地膜重新进行覆盖,提高保墒、增温效果 ②铺设滴灌管:有条件的地方,在地整好后铺设滴灌管,然后覆膜,这样可有效控制室内湿度,减少病害的发生
11月	①强迫休眠:夜间温度降到7℃左右时(高于0℃,而低于10℃也可)进行扣棚,并盖上苫帘。白天用苫帘遮光,夜间打开通风口,让棚室内温度降低,白天关闭所有通风口,保持低温,大多数品种经过30～40天的低温预冷,便可满足休眠对低温要求,完成休眠 ②修剪:落叶后进行修剪。生长衰弱、枝蔓少或纤细的植株,在近地表处留3～5芽进行短梢修剪;生长中庸的健壮枝蔓,可留50cm左右剪留壮芽,将其水平绑缚在第一道铁丝的两侧;强旺枝蔓进行长梢修剪,以占领空间;结果母蔓上尽量留着生饱满的壮实冬芽,为扣棚后丰产打好基础
12月	继续强迫休眠

第七节 日光温室红枣栽培技术

红枣成花容易，进入结果期早，温室栽培时，花期环境可人为控制，通过创造有利坐果的环境条件，提高坐果率，提高产量，提早成熟期，经济效益明显增加（图 5-9）。

图 5-9 温室红枣栽培

一、日光温室红枣丰产栽培要点

1. 合理选种

温室栽培红枣应注意选择皮薄、肉质清脆多汁、风味甜中带酸、鲜食可口、自花结实率高、采前裂果轻、果个大小均匀的品种，可选择冬枣、板枣、骏枣、灰枣、晋枣等。

2. 合理密植

温室栽培红枣时应注意合理密植，以利产量提高，促进生产效益提升。可按照 1m×1.5m 的株行距定植，每亩栽植 444 株。

3. 科学栽植

栽前结合深翻，每亩施入优质农家肥 1500kg，磷酸二铵 100kg，硫酸钾 50kg 作底肥。先将肥料均匀撒施于地表，然后耕翻 25～30cm，进行土壤改良。再按照南北行向挖定植穴，定植穴深、宽为 60～80cm，挖时表土心土分置，栽植时穴底先铺有机肥和表土，至距穴口 20cm 左右，用脚踏实并使中心略高于四周，将枣树苗立于坑穴的中央，使根系顺展，填土并将土踏实，使根土密接。栽植深度以根颈部略高于地表为宜，通过浇水下沉使之与地面相平。

4. 适期扣棚

枣树通常完成休眠所需低温时间为 900～1300h，温室栽培枣树扣棚期以 1 月中下旬为宜，切忌过早扣棚。

5. 扣棚后的管理

(1) 环境管理　扣棚后至萌芽期白天温度保持在 13～15℃，夜间温度在 8℃以上，空气相对湿度保持在 80%左右；抽枝展叶和花芽分化期，白天温度保持在 17℃以上，夜间温度 10～13℃，空气相对湿度保持在 60%左右；始花期白天平均温度在 20℃以上，夜间温度在 12～16℃，盛花期白天平均温度在 25～28℃，夜间温度在 15～20℃，空气相对湿度在 70%以上，花期应保持连日高温，以加速开花进程，缩短花期，以提高坐果率，要防止气温下降，延缓花蕾开放，导致开花量下降而影响坐果；果实发育期白天适温为 25～27℃，较高的温度有利果实生长发育，若日平均温度低于 24℃，则果实发育减慢，甚至停止生长。在果实生长期，需要充足的水分，空气相对湿度应控制在 50%～60%，在枣树发芽至果实白熟期，土壤相对含水量保持在 70%左右，防止土壤缺墒，造成吸收根死亡。果实成熟前对温度要求不严，温度应控制在 18～22℃，要注意增大昼夜温差，以利增加物质积累。果实成熟期要防止土壤水分过大，以免引起落果、裂果和烂果现象。枣树喜光，因而温室栽培时应保持棚面干净，而且保温草帘要早揭晚盖，延长光照时间，增加光合产物积累。

(2) 土肥水管理　在每亩产鲜枣 1500kg 的情况下，施有机优质农家肥 3000kg，尿素 50kg，过磷酸钙 100kg，硫酸钾 80kg。每生产 100kg 鲜枣，氮、磷、钾的施用量大体为 1.8kg、1.5kg、2kg。在萌芽前、花期前后、幼果膨大期，分四次追肥，前两次以氮肥为主，每次每亩施尿素 15～20kg，后两次注意氮磷钾配合，每次每亩施三元复合肥 20～25kg。在生长期要加强叶面喷肥，幼果期及采果后喷 0.3%～0.5%的尿素，果实发育期喷 0.3%的磷酸二氢钾。水分管理上注意均衡供水，特别应保证萌芽前催花水、盛花期助花水和花后催果水的浇灌。枣树生产中浇水应适量，要防止长时间积水造成土壤缺氧，使吸收根受损、甚至死亡，从而导致树体各个器官的生长发育受阻，造成落叶减产。

（3）树体管理　枣树生产中较理想的树形为纺锤形。定植后在离地面30～50cm处定干，掌握南低北高。培养中干和主枝时，应将剪口下的第一个二次枝从基部剪去，利用主轴的主芽抽生中干，其下2～3个二次枝，留2～3个枣股短截，促其形成主枝，每立方米树冠空间留结果基枝20～25条，结果母枝90～120个。为了促使早结果，冬剪时发育枝应全部剪除顶芽，萌芽后抹除无用芽，开花前对所有当年生的发育枝进行摘心，使养分用于花芽分化和开花结果，以利产量提高。要及时疏除轮生枝、交叉枝、重叠枝、并生枝和徒长枝，保持树冠有良好的通透性。

（4）花果管理　花期应加大温室内空气湿度，以利花粉发芽和花粉管伸长，空气湿度应达到70%～100%。盛花期喷10～20mg/L的赤霉素或10～20mg/L的2,4-D或0.2%的硼砂、0.3%的尿素、200倍稀土，可提高坐果率。在果实成熟期雨量过多时，应及时排水，降低土壤湿度，防止裂果和烂果现象发生。

（5）病虫防治　在扣棚前树体喷布5波美度石硫合剂，发芽开花期喷2.5%敌杀死4000倍液，防治红蜘蛛、枣黏虫、枣象甲、枣瘿蚊，有介壳虫为害时加喷800倍蚧死净，树盘直径1m范围内撒辛硫磷颗粒，并浅锄，杀死出土的枣瘿蚊、枣象甲、食心虫等害虫。在幼果期喷20%灭扫利2000倍液+75%克螨特1500倍液+70%甲基托布津可湿性粉剂1000倍液，防治桃小食心虫、红蜘蛛、枣锈病、斑点病，如病害发生严重可间隔7～10天，再喷一次40%百菌清悬浮剂500倍液，控制危害。

6. 适期揭膜

在果实发育后期，当外界气温白天达25～30℃，夜间达18～20℃时，应逐渐揭开棚膜。

7. 适期采收

日光温室栽培枣树，可将鲜枣成熟期提前2个月左右，一般在7月上中旬开始采收。由于温室栽培枣以鲜食为主，应在脆熟期采收，因枣果的成熟不一致，在采收时应分期分批采收，有利提高产量和品质。

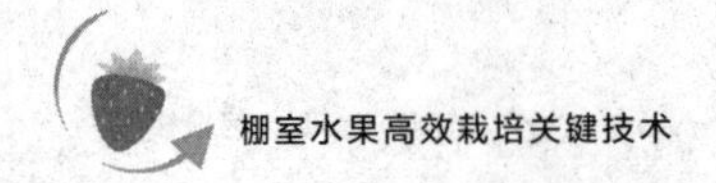

8. 采果后应注意保护叶片，加强肥水管理，保证树体健壮生长

要及时疏除过密枝、交叉枝、重叠枝、细弱枝，萌生的徒长枝如位置合适，可进行摘心，控制延长，培养枝组，增加枣股数量，扩大结果部位，促进产量提高。

二、枣树温室栽培周年管理历

时间	管理措施
1月	①扣棚：枣树温室栽培时，以1月中下旬扣棚升温较适宜，过早扣棚升温难以自然完成休眠，影响萌芽展叶的进行，不利生产的顺利进行 ②耕翻土壤，创造疏松的土壤条件 ③病虫害防治：棚室内土壤、树体、棚架上全面喷施3～5波美度石硫合剂，杀灭越冬的虫体、病菌 ④环境调控：扣棚后至萌芽期白天温度保持在13～15℃，夜间温度保持在8℃以上，空气相对湿度保持在80%左右 ⑤追肥：每亩施尿素20kg左右，施后浇水，促进萌芽、抽枝和花芽分化的顺利进行 ⑥刻芽：在缺枝部位于芽上0.5～1mm处横切一刀，伤口深度达枝粗的1/3～1/2，促生分枝
2月	①环境调控：抽枝展叶和花芽分化期，白天温度保持在17℃以上，夜间温度保持在10～13℃，空气相对湿度控制在60%左右，每天在有苫帘遮盖时补光2h左右 ②抹芽：萌芽后及时抹除无用芽 ③拉枝：纺锤形树形小主枝开角80°～90°，辅养枝拉至下垂，双主枝开心形树形主枝开角50°～60° ④病虫害防治：喷施48%毒死蜱1500倍液，杀灭枣步曲、枣黏虫幼虫
3月	①环境调控：始花期白天温度保持在20℃以上，夜间温度保持在12～16℃，盛花期白天平均温度保持在25～28℃，夜间温度控制在15～20℃，以加速开花进程、缩短花期、提高坐果率。花期空气相对湿润的环境条件，有利坐果的进行，棚室内的空气相对湿度应保持在70%以上，每天在有苫帘遮盖时补光1.5h左右 ②树体调节：疏除过密枝和位置不当的枣头，枣头长出3～5个二次枝时摘心，对生长过旺的植株和枝条环切1～2道，以提高坐果率 ③施肥：每亩施氮磷钾(15-15-15)三元复合肥20kg左右，补充大量开花所消耗的营养，以利坐果。叶面喷施0.5%尿素、0.3%硼酸或硼砂、0.3%磷酸二氢钾、10～20mg/L的赤霉素、15～30mg/L的泰宝或200倍稀土，以提高坐果率 ④浇水：土壤墒情差时，浇一次助花水 ⑤病虫害防治：喷施48%毒死蜱1500倍液，杀灭枣步曲、枣黏虫幼虫、桃天蛾、枣瘿蚊、大灰象甲等

续表

时间	管理措施
4月	①环境调控：白天温度控制在25～27℃，夜间温度控制在18～20℃，果实发育期需要充足的水分供给，应注意浇水，土壤相对湿度应保持在70%以上，防止因土壤墒情差引起吸收根死亡，导致树体生长受到抑制，空气相对湿度应控制在50%～60% ②树体管理：二次枝长到4～8个枣股时摘心，枣吊长10cm，木质化枣吊长30cm时摘心，促使树冠健壮紧凑 ③防病虫：喷施10%吡虫啉或15%啶虫脒2000倍液，防治食心虫、枣黏虫、龟蜡蚧等 ④中耕除草，集中养分用于枣树生长结果
5月	①环境调控：日平均温度应控制在18～22℃，注意加大昼夜温差，以利增加物质积累。注意控制浇水，防止土壤水分含量过大，引起落果、裂果和烂果现象的发生 ②揭膜：在晚霜过后，外界气温白天达25～30℃，夜间温度达18～20℃时，应逐渐揭去棚膜。撤除棚膜应在3～5天内完成，一般先在白天将膜揭开，晚上盖上，进行适应性锻炼后，再将膜揭开，揭开的棚膜暂时不要去掉，在6月份果实成熟期若遇雨，可再盖上，以减轻裂果、烂果的发生 ③追施膨果肥：每亩施氮磷钾三元复合肥20～25kg，施肥后浇水，加速肥料转化，提高吸收利用率 ④病虫害防治：喷施20%灭扫利2000倍液+75%克螨特1500倍液+70%甲基托布津1000倍液，防治桃小食心虫，红蜘蛛、枣锈病、斑点病等，如病害发生严重可间隔7～10天，再喷一次40%百菌清悬浮剂1500倍液，控制危害
6月	①防裂果：枣果易发生裂果，在成熟前如遇雨天，应将棚膜盖上，可有效减轻裂果的发生，降低生产损失 ②病虫害防治：喷施25%灭幼脲3号2000倍液防治枣黏虫、桃天蛾、桃小食心虫、黄刺蛾等，锈病发生严重时可喷50%多菌灵800倍液或50%克菌丹500倍液、1∶(2～3)∶(200～300)波尔多液进行控制
7月	①果实采收：温室栽培枣以鲜食为主，应在脆熟期采收，因枣果成熟很不一致，采收时应分期分批进行，以利提高产量和品质 ②采后管理：及时疏除过密枝、交叉枝、重叠枝、细弱枝，保证树体通透性良好，树冠内萌生的徒长枝位置合适，可进行摘心，控制徒长，培养枝组，增加有效结果部位 ③补肥：每亩施氮磷钾三元复合肥20～25kg，以补充树体因结果所消耗的大量营养 ④防病虫：应以红蜘蛛和锈病为重点防治对象，可喷73%克螨特1500倍液或1.8%阿维菌素3000倍液+20%三唑酮乳油2000倍液或12.5%特谱唑1500～2000倍液进行控制
8月	①雨季注意排涝，防止田间积水，影响树体生长 ②防病虫：根据田间病虫发生情况，合理选择农药进行喷防，枣黏虫、桃天蛾、黄刺蛾可喷25%灭幼脲3号2000倍液防治，锈病可喷80倍多硫化钡防治
9月	①控水、除草、中耕松土 ②在树体枝杈处绑草把，诱集越冬害虫 ③树体涂白：用3～5份石硫合剂原液、1份食盐、10份生石灰、30份水混合均匀，制成涂白剂，涂刷树体

续表

时间	管理措施
10月	①施基肥:每亩施优质农家肥4000～5000kg,磷酸二铵50kg,硫酸钾25kg ②耕翻:将肥料均匀撒施地表,然后耕翻25～30cm深,耙平 ③覆膜:对枣树栽植行用黑色地膜覆盖,以起保墒抑草的效果
11～12月	①清园:剪除病虫枝,清扫枯枝、落叶、杂草,集中深埋或烧毁,降低病虫越冬基数 ②整形修剪:采用纺锤形整形为主,结果枝冬剪时要注意疏除轮生枝、交叉枝、重叠枝、并生枝、徒长枝及过密枝,回缩下垂的骨干枝至强壮的枣股处,按空间大小培养结果枝组,保持树体紧凑,结果枝丰满,以利提高产量

第八节　桑树的生物学特性及桑葚棚室栽培管理措施

桑葚含有丰富的活性蛋白、维生素、氨基酸、胡萝卜素、钙、磷、铁、铜、锌等营养成分。桑葚既可入食又可入药，中医认为桑葚味甘酸性，微寒，入心、肝、肾经，为滋补强壮、养心益智佳果，具有补血滋阴、生津止渴、润肠燥等功效。桑葚的栽培受到普遍关注，棚室栽培桑葚可促进早熟，生产效益较高。

一、桑树的生物学特性

1. 植物学特性

（1）根　桑树根系可分为直根系和不定根系。桑树根系在土壤中的分布因土壤类型及人为耕作影响而不同。一般栽培桑树的根系深度可达1.5m左右，但桑树的吸收根主要分布在耕作层中。

（2）茎　茎是植株地上部分的骨架，主要起支撑树体，疏导水分、养分，贮藏营养物质，繁殖及支持叶片等作用。

（3）叶　叶是桑树最重要的营养器官，桑树的光合作用、呼吸作用、蒸腾作用等生理活动都在叶内进行。叶的形态性状与品种、栽培技术、环境条件等有密切关系。

（4）花　雌花由雌蕊和4个花被（萼片）构成，雌蕊由柱头、花柱及子房构成。柱头在子房顶部，左右分开呈牛角状，柱头上有茸毛或瘤状突起。雄花由4个萼片、4根雄蕊构成，未开时呈花蕾状，花丝卷曲于其中，开放时萼片松开，花丝伸出，花丝顶端有花药，花药呈肾脏形，其中分为2个药室，药室中孕育着花粉。

（5）果实　椭圆形，长1～3cm，表面不平滑。未成熟时为绿色，逐渐成长变为白色、红色，成熟后为紫红色或紫黑色，味酸甜（图5-10）。

图5-10　桑葚果实

（6）种子　桑种子扁卵圆形、黄色，一端具有一脐孔，是胚根伸出的地方。种子外面有一薄而坚硬的内果皮种壳，属小坚果，其内为种皮、胚乳、胚三部分。胚乳为贮藏营养物质，具油脂性，供种子发芽之需。胚由胚根、胚轴、子叶三部分组成。

2. 桑树的生长周期

桑树一生分为幼树期、壮树期和衰老期三个明显的发育阶段。

（1）幼树期　从种子萌发、形成苗木，到植株开花结果以前，为桑树的幼树期，为2～3年。一般幼树期只进行营养生长，不开花结果，生长速度快，发根能力强，枝条扦插易生根。

（2）壮树期　也称成熟期。壮树期较长，可达数十年。生殖器官形成，能大量开花结果，生长速度相对降低，发根力减弱，生长势强，抗性强，创伤易愈合。枝条分枝角度增大，树冠开展，耐阴性降低。

（3）衰老期　生长势明显下降，枯枝死干增多，创伤不易愈合，抗性差，植株抽枝少，枝细短，叶小肉薄，易硬化黄落，开花结果能力低。衰老的桑树还可利用侧生分生组织和潜伏芽，使之复壮更新。

3. 桑树的年生长周期

桑树一年中生长分为展开期、同化期、贮藏期和休眠期四个时期。

(1) 展开期　春季气温达到 12℃以上时，桑树开始萌芽直至新叶生出5～6 片，为展开期。此期生长速度慢，叶面积小，叶绿素少，光合能力低。展开期新器官的建造和生理活动所需的营养物质和能量，主要依靠植株体内贮藏营养物质所提供，此期的生长实质上是一种消耗性的生长。

(2) 同化期　桑树新梢展叶 5～6 片以后，进入同化期，一直延续到秋季。随着气温的升高，植株生长速度加快，新器官（包括枝、叶、花、果、根等）大量形成；叶面积迅速扩大，叶绿素大量增加，植株光合能力提高，光合产物增多，光合产物大多用于新器官的建造和生理活动的能量消耗，有机营养物质积存少，这一时期的生长实质上是一种平衡性的生长。

(3) 贮藏期　同化期后，随着秋季气候条件的变化，桑树即进入贮藏期。桑树的生长速度减慢，新枝叶数量不再有很大的增加，叶子光合能力并不降低，加之日温高，光合作用旺盛，夜温低，呼吸消耗减少，植株体内有机营养物质大量积累。这一时期的生长，对植株养分贮藏积累最为有利，是桑树生长的重要阶段。

(4) 休眠期　冬初气温下降到 12℃以下，日照时间缩短，桑树停止生长，叶片变黄脱落，进入休眠状态。

二、桑葚对环境的要求

1. 对光照的要求

桑树喜光，属长日照植物，一般春季开花，在长日照条件下，桑树的生殖生长被促进。但在秋末日照缩短、昼夜温差增大条件下，有利于促进桑树养分的积累和枝条的木栓化，使桑树逐渐停止生长，做好越冬准备。

2. 对温度的要求

桑树对气候适应性强。耐寒，可耐－40℃的低温。当春季气温上升到12℃以上时，冬芽开始萌发，抽出新枝叶。发芽后随着气温的升高，桑树生长加速。25～30℃是桑树生长的最适温度，一般在桑树生长旺盛季节，一昼夜内新梢可生长 2～3cm。气温超过 40℃时，桑树生长反而受到抑制。当气温降至 12℃以下时，桑树停止生长而落叶休眠。

土壤温度主要影响桑根生长和吸收机能。当土壤温度在 5℃以上时，桑根开始吸收水分和氮素等营养元素。随着地温的上升桑树根系吸收机能增强，但超过 40℃时，桑根的吸收机能反而衰退。春季地温上升到 10℃以上时，开始长出新根。最适宜于桑根生长的地温是25～30℃，地温高于40℃或低于10℃时，桑根的生长几乎停止。地温30℃左右时，桑枝扦插的发根量最多。

3. 对水分的要求

桑树耐旱，耐水湿，可在温暖湿润的环境生长。适合桑树生长的土壤含水量为田间最大持水量的70%～80%，其中砂土约为70%，壤土约为75%，黏土约为80%。

4. 对空气的要求

空气中的二氧化碳、氧气以及尘埃、水蒸气、雾等直接影响桑树的光合作用和呼吸作用。一些工厂释放出的有害气体，如氟化氢和硫化物等，对桑树生长危害较大。如二氧化硫通过气孔进入叶组织与水结合生成亚硫酸，引起叶绿素分解和组织脱水，使叶片光合能力下降。

5. 对土壤的要求

桑树对土壤适应性强，喜深厚、疏松、肥沃的土壤，在pH 4.5～9.0的范围内都能生长，能耐轻度盐碱（0.2%），但在中性或略偏酸性的土壤中生长最好。一般有机质含量1.5%以上、pH值6～7的土壤最为适宜。

三、桑树苗木的繁育

桑树繁殖方法较多，播种、扦插、分根、嫁接繁殖皆可。其中扦插方法应用得最普遍。扦插具体方法如下：

1. 选地及整地

选土质疏松肥沃、排灌条件好的地块做苗床，在开春土壤解冻后犁好耙平。结合犁地，每亩施入充分腐熟的农家肥3000kg左右，尿素20kg左右，为苗木的健壮生长打好基础。

2. 枝条选择及种植方法

于前一年12月份剪取健壮的成熟枝条作插条，一般将插条剪成长20cm左右，上口剪平，下口剪斜，每50根捆成一捆，进行沙藏，沙藏时要求沙能手握成团，手触即散，然后一层沙一层插条埋压，最后顶部盖沙厚度在50cm以上。

（1）垂直扦插法　春季地温稳定在10℃左右时开始扦插，插前用生根粉溶液浸插条的下端1分钟左右，然后把枝条垂直摆放（芽向上）在开好的沟内，用土埋住枝条或露一个芽，压实，淋足水，盖地膜保湿。

（2）水平埋条法　地平整好后，按照行距开深5cm左右的沟，然后把剪成长60cm左右的枝条平摆2条（摆2条是为了保证发芽数），覆土2～3cm，轻压后淋水，盖薄膜，出芽后去掉薄膜。

四、桑葚棚室栽培

1. 建园

为了促进苗木健壮生长，提高前期产量，在建园时要进行土壤改良，合理密植。开春栽苗前顺行挖深60cm左右、宽80～100cm的定植沟，挖沟时注意表土和心土分开放置。回填时，每亩施入充分腐熟的有机肥4000～5000kg，将有机肥与表土充分混合，填入沟内，然后用心土将沟填平，实行微区改土，为根系的生长创造良好的土壤条件。苗木在棚室内按南北向行株距2m×1.5m栽植，每亩栽植222株，栽时尽可能选择茎粗度在1cm以上、高1.2m以上的大苗，以利早期丰产，有条件的可用三年生以上营养钵苗，以有效缩短缓苗期，以利当年投产。

2. 棚室上膜

在11月底至12月初，对棚室进行覆盖棚膜。为了便于作业，最好在无风天气进行。棚室覆膜后要及时加盖草苫闷棚5～7天。

3. 环境调控

扣膜后从第7天开始揭帘升温，第一周内白天最高温度控制在15℃左右，夜间2～5℃。第二周白天最高温度逐渐升高到20℃，中午室温高时可通风降温，夜间温度保持在6～8℃。第三周白天最高温度控制在25℃，夜间保持在8～10℃，从桑葚幼果期到果实成熟期，白天温度保持在26～28℃，夜间保持在12～15℃。室内空气相对湿度从升温开始至幼果出现以保持在60%为宜，湿度过大时可通过覆盖地膜和通顶风降低湿度，在果实由白转红时室内空气相对湿度控制在40%，最高不超过50%。湿度过高易引起白果病，湿度过低可导致大量落果，所以在果实转红到采收期，掌握好室内温度和湿度是管理的重点环节。

4. 肥水管理

肥水是桑葚早果、高产、稳产的物质基础，在生产中应适时适量地供给。桑树对水分特别敏感，一旦出现干旱，新梢即停止生长，所以从苗木定植后就要强化肥水的管理，保持土壤湿润。可采用地面覆膜的方式，保证土壤水分相对稳定。可根据土壤墒情，年浇水4～6次，有条件的尽可能采用膜下滴灌，防止大水漫灌导致棚室内湿度过大。桑葚比较耐瘠薄，但在肥水供给充足的情况下，更能发挥其生产潜力。在果实采收后每亩施用优质农家肥4000～5000kg或生物有机肥400～500kg作基肥，在此基础上，注意在发芽前、果实膨大期和花芽形成期适时补充肥料，以促使萌芽整齐、产量提高和花芽饱满。发芽前追肥应以氮肥为主，每亩施用尿素30～40kg；果实膨大期追肥应以磷钾肥为主，每亩施用氮磷钾含量为18-18-18的三元复合肥50kg左右；花芽分化期以施高磷型复合肥为主，可每亩施用磷酸二铵40kg左右。

5. 树体调节

桑树生长快，成枝力强，枝条细软，树势易开张，可采用主干形整形。一年生苗栽植后主干在距地面80cm处短截，以促生分枝。当主干顶枝长到50cm时留40cm进行摘心，按照这个方法连续摘心2～3次，当年可在主干上直接着生15～20个斜生结果枝。若采用二年生大苗，中心干可在距地面1.2m处短截，其他分枝留2～3cm短桩重截，截后15天左右，当新芽萌发后，每个短桩处留1个侧下芽，抹除其他多余芽，对中心干上发出的芽尽量多留，当主干新梢长到50cm时，留下40cm摘心，反复进行2～3次，以促使形成结果枝。11月份植株落叶后，疏除树冠内膛长5cm以下的细弱枝。在采果后，将结过果的枝一律留短桩短截，重新培养结果枝。主干在距地面1.5m处缩剪，一个月后进行第二次修剪，主要疏除直立枝、过密枝和内膛细弱枝，每株培养20～30个围绕主干均匀分布的健壮结果枝，以后每年修剪可参照以上方法进行。

6. 病虫害防治

桑树抗病虫能力较强，病虫危害较轻，生产中主要病虫害有菌核病和天牛。一旦发现菌核病危害的果实，应及时摘除病果，降低棚室内的湿度，控制病害的蔓延；天牛防治应抓住6～7月成虫交尾产卵关键时期，在早晨成虫啃食树皮时人工捕捉，对已有天牛卵的枝条，用48%乐斯本200倍液涂产卵处，杀灭卵和幼虫。

第九节　人参果棚室栽培技术

人参果又名金参果，为多年生草本植物，属茄科，原产于南美洲，世界上有少数国家作为热带水果进行商品化生产。我国于20世纪90年代后期引入，之后开始在国内种植。人参果在我国北方主要以温室种植为主，在棚室栽培的条件下可常年结果，每亩产果3000～4000kg。

人参果为水果中的珍品，果肉清香多汁，营养丰富，含有维生素C和硒、钼、钙等多种微量元素，风味独特，口感较好，具有高蛋白、低糖、低脂肪等特点，具有很好的保健作用。

一、植物学特征

花为聚伞花序，花冠初期为白色，后为紫色，一朵花有雄蕊5枚、雌蕊1枚，可自花授粉，因而坐果率很高。大田栽培一般6月下旬开始开花，花可一直开到10月，以6～7月和9月下旬至10月这两段时间开花坐果率。每个花序结果1～6个不等，幼果至成熟前期（上半年）50天左右，后期（下半年）60～80天，如气温偏低成熟期会延长。

从幼果到成熟，色泽为青色到紫红条纹，成熟时底色呈金黄色，单果重200～400g，最大可达800g（图5-11），一年四季（冬春季温室）均可生产，效益较高。

图5-11　人参果果实

二、人参果对环境条件的要求

人参果喜温，但不耐高温和冻害，当气温稳定在10℃时开始萌发新芽，

18℃以上开花结果。生育适温为15～18℃，气温达到38℃时嫩叶出现灼伤，0℃出现冻害。喜光，其光饱和点为7万勒克斯。人参果属于半耐旱植物，土壤含水量以田间最大持水量的60%～70%为宜。人参果对土壤要求不严，但以土层深厚、排水良好、富含有机质的肥沃土壤为好。人参果既喜肥又耐肥，对营养元素吸收量由大到小的顺序是钾＞氮＞钙＞磷＞镁。

三、苗木繁殖

人参果既可播种繁殖，又可扦插繁殖，其中扦插繁殖方法最常用。

1. 种子繁殖

人参果一年四季都可播种。在露地条件下，以春季最为适宜。秋季育苗，因前期温度高、雨水多，应采取遮阳防雨措施。

育苗前先将地进行耕翻，保持耕深15～20cm，以疏松土壤。结合耕翻，每亩施入充分腐熟的有机肥3500kg左右、磷酸二铵30kg左右作基肥。将肥料均匀撒施地表，然后耕翻，最好采用旋耕机耕旋，以保持土壤疏松，然后按宽1.5m、长与地等长的标准做畦，畦做好后待用。播前应对种子进行浸种催芽，当10cm深处地温稳定到12℃以上时即可播种。先将播种畦浇透水，以形成良好的土壤墒情，然后播种，促进出苗。种子可撒播或点播。种子的粒距以7cm左右为好。若分1次苗，粒距可采用5cm。种子上覆土应薄，寒冷时节为0.2～0.3cm，高温季节0.5cm左右。播种后覆膜或草保湿。

播种后温度白天保持25～28℃，夜间不低于15℃，高温时节育苗要严格控制温度不超过28℃。在浇足底水的前提下，出苗前一般不浇水，出苗之后再根据土壤水分状况适度浇水。在底肥充足的情况下，苗期一般不再施用化肥，可以叶面喷肥。当种子拱土时，撤去覆盖物，并在床面撒一层细土，以加强保湿、增加土压力、减少幼苗“戴帽”出土。

2. 扦插育苗

扦插育苗具有繁殖速度快、苗木当年生长量大、进入结果期早的特点，生产中较常用。一般在6月底前育的苗当年可结果。扦插育苗时，整地施肥做畦同播种育苗。在畦做好后，按5cm×10cm的标准进行扦插，扦条长度一般以15～18cm为宜，插深3.5cm左右，插时苗床要湿润，插后用地膜覆盖保墒，一般插后一周左右即可生根，45天左右即可移栽或出售苗木。

四、棚室栽培要点

1. 茬口安排

北方宜以越冬一大茬栽培为主，6月下旬育苗，8月上旬定植，次年6月拉秧。

2. 种植品种选择

人参果品种不同，适应性、丰产性及果实品质均不相同，对生产效益的影响也不一样，因而在生产中应注意选择适应性强，高产、优质、卖相好的品种种植，以提高生产效益。目前生产中应用的主要品种有：

（1）长丽　生长旺盛，植株高大，叶色浓绿，抗性较强，结实率高，单株全年结果可达50个。果实大小整齐，单果重150～200g，最大可达1000g。果实长心脏形，成熟果实金黄色，带有明显的紫色条纹。

（2）大紫　生长旺盛，叶色浓绿，叶片大，抗寒性较强，结实率高，单株全年结果可达35个。果实大小不太整齐，果实较小。果实长心脏形，成熟果实为紫红色，条纹不明显。

（3）Asca　植株生长势强，茎秆粗壮，耐高温，温度达到35℃时还能结果。果实长心脏形，果个大，平均单果重200g，最大达500g。成熟果金黄色，带有明显的紫色条纹。

3. 建园

棚室栽培时可用菜棚或温室种植。栽前要深翻土壤，施足底肥，每亩施用优质农家肥3000kg左右，过磷酸钙50kg左右，草木灰100kg左右或硫酸钾12kg左右。将肥料均匀撒施地表，然后进行耕翻，耕深25～30cm，耕平整细。定植时最低气温不低于5℃，10cm深处地温稳定在12℃以上。栽植前2天给苗床浇水，以便起苗不散坨。现代用穴盘基质育苗的，应在育苗期30～40天，苗高30cm左右时揭去育苗棚膜，3天后种苗不发生萎蔫，就可定植。起苗时尽量保全根系，并选择苗木高度在15cm以上、分枝多、茎秆粗壮、叶片茂盛、无病虫害的健壮苗定植。定植密度大小要依据采收期的长短和留主枝的多少，以及留果穗数的多少来确定。采收期短、留主枝少、留果穗数少的密度可大些，反之则应适当降低种植密度。一般按照50cm×50cm的标准进行定植，每亩栽植2500株左右。栽植时要适当深栽，至少将3个枝节以上埋入土中，栽后及时浇一次定植水，3天后再浇一水，然后用地膜覆盖保墒。

4. 适期扣棚及温湿度管理

人参果对温度敏感，气温高于38℃或低于8℃时不能正常生长；低于0℃时会整株被冻死。生产中要严格控制环境中的温度。秋冬茬栽培时天气由暖变冷，日平均气温降到16℃左右时要扣上塑料薄膜，10℃以下时夜间要加盖草苫。扣膜初期白天要注意放风，掌握白天15～25℃，最高不超过28℃，夜间10～15℃，最低不低于5℃。温度不能保证时，要采取临时加温措施。冬春茬的前期要特别注意增温和保温。天气变暖后要注意放风，防高温伤害。外界最低气温稳定在10℃以上时，可昼夜放风；外界最低气温达15℃以上时，则可逐渐撤除棚膜，温度管理正好与秋冬茬相反。

人参果怕涝，田间湿度过大时极易烂根，严重的会整株死亡。在棚室栽培时应严格控制浇水量，土壤相对含水量一般以60%～70%为宜。土壤墒情差时，可少量多次进行浇灌。环境空气中湿度过大易引起疫霉病，所以要注意给棚室通风换气，降低湿度。

5. 追肥

人参果为高产作物，对土壤养分消耗较多，生产中必须适时进行追肥，以保持植株健壮生长，提高结实能力。追肥应重点抓好花期和幼果膨大期肥料的补充，花前追肥以磷酸二铵为主，每亩施用25～30kg，在行间开沟施用，膨果肥在果实转色期施用，最好应用优质水溶肥，用追肥枪进行追施。

6. 浇水

人参果含水量大、产量高，是需水多的植物之一，生产中要保证水分的供给，以利高产优质。棚室栽培时，最好配套应用滴灌设施，以便随时补充水分。在铺设滴灌管时，最好采用膜下滴灌的方式，以有效控制棚室内的湿度。滴灌管顺栽植行布设，将滴灌管铺好后，再覆盖地膜。在生长期及时观察土壤墒情，当土壤相对含水量低于70%时，要及时进行滴灌浇水。

7. 及时中耕除草

杂草生长会与人参果植株争肥、水及空间，不利植株生长结果，对于园内滋生的杂草，要及时铲除，尽量做到除早、除小、除了，以保证土壤中水分、养分最大限度地用于人参果植株的生长结果，促进产量的提高。

8. 强化植株调整，促进优质丰产

在移栽成活后，对个别弱苗、病苗要及时去除，补植壮苗，以保证园貌整齐。在进入生长期后，由于人参果分枝力很强，过多的分枝会导致树体养分分散、园内光照恶化，不利产量和品质的提高，因而要加强植株调整，控制枝量，促进优质丰产。人参果侧芽极易萌发，不仅影响生长，还会造成生理落花，影响坐果。所以除选留枝外，其余侧芽都应及时摘除，实行整枝打杈，每株留 1 个主蔓结果，侧蔓抽出 4～5cm 长时全部抹除。也可每株留 4～6 条结果枝结果，将多余的枝条及时剪除，在整个生长期要不断地剪除多余枝，一般每 10 天左右进行一次。

9. 搭架或吊蔓栽培

人参果果实较大，结果能力较强，而茎秆较软，负载能力差，生产中应注意搭架或吊蔓栽培，以扶持秧苗直立生长，保持田间有良好的通透性，以提高产量及品质。多蔓式栽培时用搭架栽培，搭架时每株用长 1m 左右的木棍 4～6 根，每个枝条旁插一根，架要搭成交叉架，然后将枝条固定在架上，使果实有规律地垂吊在架上。单蔓式栽培时用吊蔓栽培，当株高 30～40cm 时将蔓呈“S”形吊于绳上，扶助生长。

10. 疏花疏果

人参果每个花序有花 11～22 朵，待花完全展开后，每穗花序留 7～8 朵花，其余全部疏除。果实坐稳后，再进行一次疏果，留果形好的大果，疏除小果、畸形果、病果，第一层花序留果 1～2 个，第二层以上留 3～4 个。

11. 落蔓

当株高 1.8～2m 时，进行人工落蔓，解开吊绳，上部蔓自然落下，在植株原地将下部茎干环绕几圈固定，上部茎干 40～50cm，继续吊蔓进行正常管理。

12. 采收

人参果的幼果为浅绿色，当果实膨大到一定程度，表面出现紫色条纹时，果实已达七八成熟，若做菜熟食，此时可以采收；作水果则需要完全成熟，当果皮呈金黄色、并有紫色花纹时采收。适时采收有利于上部枝蔓开花坐果，若有特殊需要时，成熟的果实可在植株上垂挂 2～3 个月不落。人参果较耐贮放，摘下的果实在室温条件下可存放 50 天左右，可根据市场销售情况及用途灵活掌握采收期。

13. 病虫害防治

人参果引入我国时间不长，种植周期较短，生产中病虫害发生较轻，生

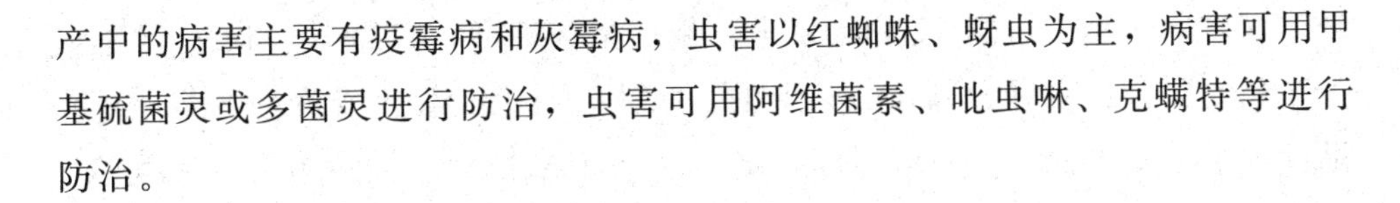

产中的病害主要有疫霉病和灰霉病，虫害以红蜘蛛、蚜虫为主，病害可用甲基硫菌灵或多菌灵进行防治，虫害可用阿维菌素、吡虫啉、克螨特等进行防治。

第十节 火龙果棚室栽培要点

火龙果原产于巴西、墨西哥等中美洲热带沙漠地区，为热带、亚热带的一种蔓藤类仙人掌的果实，果实较大，单果重在500～1000g，果实甜而不腻，风味独特，富含植物性蛋白、花青素、维生素、水溶性膳食纤维、氨基酸和多种矿物质，其花、茎亦可食用，是集水果、花卉、蔬菜、保健、医药多功能于一体的新型作物，近年来引入我国大量栽培，我国北方棚室生产中也开始应用，成为我国水果家庭中的新成员之一。

一、火龙果对环境条件的要求

火龙果原产于热带沙漠地区，耐旱、耐高温，喜光、适应性强，不耐冻。一般在50℃左右的高温下仍可存活，低于0℃就会被冻伤、冻死。生长最适温为20～30℃。

火龙果虽然为耐旱植物，但正常生长却需要充沛的水分，5～11月是火龙果开花挂果期，此期火龙果需水较多，特别是果实膨大期，要求土壤相对含水量在50%～80%，但水分过多时，火龙果的根系容易腐烂，因而生产中要注意防止田间积水。

火龙果对土壤的适应性强，最适宜在微酸、中性或微碱性土壤中生长，一般pH值为6.5～7.5时最适宜。

火龙果喜光，光照充足、光照时间长的情况下，肉茎粗壮、色泽浓绿、开花多、生长旺盛、容易丰产；光照不足、光照时间短的情况下，结果少、产量上不去。

二、火龙果的生长结果习性

火龙果为藤蔓类植物，树体寿命30年左右，树体生长迅速，成花容易，进入结果期早，一般栽后第二年即开始结果，每株挂果20个以上，第三年进入盛果期，亩产可达2500kg以上。果实呈椭圆形，直径10～12cm，外观为红色或黄色，有绿色圆角三角形的叶状体，白色、红色或黄色果肉，具有黑色种子（图5-12）。火龙果具有结实率高、果型大、甜度好、抗病力强、品质优良、丰产性好的特点。一般5月开始开花结果，在北方一年可结四茬果，全年生长期达7个月左右，可一直结果到11月底，植株处于不间断开花结果状态，每批果实从开花至成熟大约需要35天时间。

图5-12 火龙果果实

三、火龙果棚室栽培要点

1. 品种选择

目前我国引进的火龙果品种较少，根据果皮和果肉色泽分为红皮白肉、红皮红肉、黄皮白肉三种类型，果形有圆形、椭圆形等，其中以黄皮白肉品种品质、口感优良，但我国栽培的较少。

2. 苗木繁育

火龙果苗木繁育方法较多，既可用种子繁殖，也可用嫁接繁殖，还可用扦插繁殖，其中以扦插繁殖应用最广泛。火龙果扦插对时间要求不严，只要土壤不冻，均可进行，一般在定植前15～30天扦插为宜。扦插育苗时，选择生长健壮的老熟茎条，剪成长 15cm 左右的插条，下端剪斜，露出肉茎中的茎髓，放在阴凉处阴干 5～7 天后进行扦插。扦插前对土壤进行耕翻，结合耕翻，每亩施入充分腐熟的农家肥 1500～2000kg、尿素 10kg 左右作底肥，然后做成宽 1m 左右的畦，按照株距 20cm、行距 30cm 的标准进行扦插，插深 5cm 左右，插后覆盖黑色地膜保墒抑草。

3. 搭架栽培

火龙果为藤蔓类植物，易下垂生长，生产中应采用搭架栽培法，一般每 4 株中间埋一根截面 20cm 见方、高 2m 的水泥柱作支架，用支架作为火龙果的附着物，用来固定和支撑植株。当下垂部分长到接近地面时，剪去顶端生长点，促使其茎干萌生新的侧芽，所萌生的侧芽就会搭靠在支架上，自然向下生长。水泥柱顶端留两个相互交叉的孔，用钢筋穿插，形成一个十字架面的圆形支撑架。再用钢筋相互焊接，为了防止火龙果肉茎直接与钢筋接触而折断，可用旧薄膜将钢筋包裹。

4. 栽植

可采用现成的蔬菜温室或大棚栽植，也可建设新大棚或温室栽培，种植时应选择生长健壮、根长在 3cm 左右的苗木定植。

栽前对棚室内土壤进行深翻，翻深 30cm 左右，结合深翻，每亩施入充分腐熟的农家肥 2000kg 左右，氮磷钾三元复合肥 15～20kg，然后做成宽 2m 的高垄，垄高出地面 15cm 左右，然后按照株距 1m、行距 2m 的标准挖深 8cm 左右的小坑，植入火龙果苗木，覆土 4cm 左右，每亩栽植 333 株左右，栽后 4～5 天如果土壤墒情差，可适当浇水。如果栽植的苗木过高，露出地表 30cm 以上时应将其捆好，系在附着物上，让苗木定向生长，防止倒伏。

5. 土壤管理

火龙果栽植后对栽植行用黑膜覆盖保墒抑草，对于行间萌生的杂草，要及时铲除，以集中水分、养分供火龙果生长。

6. 肥料管理

火龙果为高产作物，生产中应保证肥料的供给，但火龙果不耐肥，施肥时应坚持按少量多次的原则进行，要坚持有机肥为主、化学肥料为辅，基肥为主、追肥为辅，根部施肥为主、叶面施肥为辅的施肥方法，保证养分均衡供给，防止营养失衡现象的出现。一般在施足底肥的前提下，每批果实采收后，追肥一次，每次每亩追施氮磷钾三元复合肥10～15kg，在行间开沟施入。如出现缺素症，可用叶面喷肥进行矫正，如缺氮时可喷0.5%的尿素，缺磷、缺钾时可喷0.2%～0.3%的磷酸二氢钾，一般每7～10天喷一次，喷3次就可达到理想效果。

7. 环境调控

火龙果在北方棚室栽培时，夏天可不揭塑料膜，进行保护栽培。

（1）温度调控　火龙果生长期的环境温度应控制在20～30℃，夜间最低温应控制在8℃以上，低于8℃应采用加温棚室增温，以防止温度过低影响植株生长结果。

（2）湿度调控　火龙果棚室栽培时对湿度要求严格，一般棚室内土壤湿度应控制在田间最大持水量的40%～50%，用手摸土壤表面有干爽感，地表下1～3cm深的土壤有湿润感，手抓土壤不成团，表明水分较适宜。生产中应根据土壤墒情，严格控制浇水量，防止棚室内土壤水分含量过大，引起烂根死亡现象的出现。

（3）气体调控　在不受冻害的前提下，要加强棚室的通风换气，以降低棚室内空气湿度，增加棚室内二氧化碳含量，促进产量提高。特别是夏季，通风工作应引起高度重视。

（4）光照调控　要保持棚面洁净，延长光照时间，提高光能利用率，保证植株健壮生长，提高结实能力。

8. 花果和肉茎的管理

棚室内在种植火龙果时要注意授粉品种的配置，一般种植红皮红肉火龙果时，可种植10%左右的红皮白肉火龙果作授粉品种，对于提高坐果率是非常有益的。

苗木栽后，当苗木生长超过30cm时，可将其固定在附着物上，这样火龙果可沿着搭好的附着物向上生长，待苗木主茎生长到1.5m左右时，将其顶端生长点打掉，促使其萌发侧芽。在侧芽萌发过程中，要控制侧芽的数量，一个主茎通常留2～3个侧芽，将多余的疏除，留下的侧芽呈交叉或对生状，茎条长到1.3m左右时摘心，促进分茎，让其自然下垂，积累养分，提早开花结果。

为了让挂果茎条蓄积更多养分，应注意打顶和去梢。打顶就是用手捏住结果茎条的尾部，往回扳使其在离尾部3～5cm处折断。去梢则是在花芽萌发前期打掉挂果茎条上的所有新芽。

火龙果挂果茎条会萌发出大量花芽，遇到授粉不良时应及时疏掉，否则挂果后生长缓慢，还影响果实质量。棚室栽培时，由于传粉昆虫数量少，加之通风状况不良，要加强人工授粉，以提高坐果率，促进产量提高。可在傍晚花开放或早晨花没有闭合前，用毛笔将花粉涂在柱头上即可。火龙果一条挂果茎条上会生长多个果实，若不及时疏果，会引起果实相互竞争营养，导致果实变小，甜度降低，影响商品性，因而每一茎条上保留1～2个果实为宜，将多余的疏除，果间距应在30cm以上，疏花疏果时应注意疏除弱茎条、病虫果和畸形果。

当果实坐住35天左右、果实由绿色逐渐变成红色、果实微香、鲜艳、含糖量达到10%以上时就可采收。火龙果不耐贮运，在采收时应轻拿轻放，减轻碰压伤。采后的果实要及时销售，一般在5～9℃的低温下可存放一个月，在25～30℃的室温下仅可存放15天左右。

果实采收后，如在同一茎条上还有未成熟的果实或花苞，应剪去茎条顶端至挂果处，使留下的果实和花苞成茎条的顶端部位，最后一批果实采摘结束后，剪除挂果枝，让其重新长出新茎条。

9. 病虫害防治

火龙果在我国北方种植时间短，病虫害较少，生产中主要病虫害有蜗牛和蚂蚁对果实的危害及高温高湿导致的枝条部分坏死和霉斑，虫害可用10%吡虫啉3000倍液防治，病害可用多菌灵或甲基硫菌灵广谱性杀菌剂防治。

第十一节 番木瓜温室栽培技术要点

番木瓜别名万寿果、乳瓜、石瓜、蓬生果等，原产于墨西哥南部以及邻近的美洲中部地区，在世界热带、亚热带地区均有分布。我国主要分布在广东、海南、广西、云南、福建、台湾等省（区）。我国西北的甘肃、宁夏等地已引入，且保护地栽培获得成功。

番木瓜果皮光滑美观，果肉厚实细密、香气浓郁、汁水丰多、甜美可口、营养丰富，有“百益之果”“水果之皇”“万寿瓜”之雅称。番木瓜富含

17 种以上氨基酸及钙、铁等，还含有木瓜蛋白酶、番木瓜碱等，多吃可延年益寿。

番木瓜的果实不仅可以作为水果、蔬菜，还有多种药用价值。未成熟番木瓜的乳汁，可提取番木瓜素，是一种制造化妆品的上乘原料，具有美容增白的功效。

一、形态特征

叶大，聚生于茎顶端，近盾形，直径可达 60cm，通常 5～9 深裂，每裂片为羽状分裂；叶柄中空，长达 60～100cm。

花单性或两性，有些品种在雄株上偶尔产生两性花或雌花，并结成果实，亦有时在雌株上出现少数雄花。植株有雄株、雌株和两性株。雄花：排列成圆锥花序，长达 1m，下垂；花无梗；萼片基部连合；花冠乳黄色，冠管细管状，长 1.6～2.5cm，花冠裂片 5，披针形，长约 1.8cm，宽 4.5mm；雄蕊 10，5 长 5 短，短的几无花丝，长的花丝白色，被白色绒毛；子房退化。雌花：单生或由数朵排列成伞状，着生叶腋内，具短梗或近无梗，萼片 5，长约 1cm，中部以下合生；花冠裂片 5，分离，乳黄色或黄白色，长圆形或披针形，长 5～6.2cm，宽 1.2～2cm；子房上位，卵球形，无柄，花柱 5，柱头数裂，近流苏状。

两性花雄蕊 5 枚，着生于近子房基部极短的花冠管上，或为 10 枚着生于较长的花冠管上，排列成 2 轮，冠管长 1.9～2.5cm，花冠裂片长圆形，长约 2.8cm，宽 9mm，子房比雌株子房较小。

浆果肉质，成熟时橙黄色或黄色，长圆球形、倒卵状长圆球形、梨形或近圆球形，长 10～30cm 或更长，果肉柔软多汁，味香甜；种子多数，卵球形，成熟时黑色，外种皮肉质，内种皮木质，具皱纹（图 5-13）。花果期全年。

二、生长习性

番木瓜喜高温多湿热带气候，不耐寒，遇霜即凋零，因根系较浅，忌大风，忌积水。对地势要求不严，丘陵、山地都可栽培，对土壤适应性较强，但以在疏松肥沃的酸性至中性沙质壤土或壤土中生长为好。

最适于年均温度 22～25℃、年降雨量 1500～2000mm 的温暖地区种植。

图 5-13　番木瓜结果状

适宜生长的温度是 25～32℃，气温 10℃左右生长趋向缓慢，5℃幼嫩器官开始出现冻害，0℃叶片枯萎。温度过高对生长发育也不利。

三、温室栽培技术

1. 棚室的选择

番木瓜北方引种栽培普遍采用日光温室，它具有采光好、保温好的特点，温室内即使在最冷月不加温的情况下，温度也能保持在 5℃以上，可以保证番木瓜安全越冬。

2. 品种的选择

温室栽培番木瓜，因室内通风、光照不良，温差大，易形成畸形果，因此在品种选择时，应选择抗寒性强、耐弱光、矮干、早结早熟、丰产、优质、抗病毒病强、花性状较稳定的优良品种。甘肃、宁夏温室生产中选用的品种主要有台农 1 号、台农 2 号、红妃、红日、夏威夷等，其中，红日和夏威夷为小果型品种，平均单果重 500～600g，红妃 1500g 左右，台农 1 号和台农 2 号平均单果重 2200g 左右。与台农 1 号和台农 2 号相比较，红妃、红日和夏威夷植株较矮，可以根据温室高度的不同进行选择。

3. 适时培育壮苗

适时培育壮苗是实现温室当年栽培当年丰产的关键性技术之一，所育苗木要保证有 130～150 天的苗期，叶片在 13 片以上，叶片厚而淡绿色；苗高在 25cm 以下，节密，株高小于冠幅；茎秆粗壮，叶柄粗而坚挺，叶腋有侧芽，根系发达，撕开营养钵可见发达、粗壮的白根，2片子叶仍没脱落。具体育苗措施如下。

（1）育苗时间　选择秋季（10月份）温室大棚播种育苗，这样苗期气温低、生长缓慢，易于培育老壮苗，第二年3月份气温回暖时即可定植于大棚。幼苗过冬以苗高10～15cm、具有5片完全展开叶片为好，抗寒性较强，如果幼苗过大，不利于安全越冬。

（2）育苗方式　由于番木瓜幼苗生长缓慢，采取集中育苗不仅有利于提高温室利用率，也有利于管理和温湿度调控。由于番木瓜裸根移栽易感染病害，成活率降低，所以大多采用营养穴盘、营养钵移栽分苗育苗方法，一般选择50～72孔的穴盘播种，播种一月后，幼苗有2～3片叶时，分苗到直径12cm、高16～18cm的塑料营养钵，移栽时撕去营养钵即可。

（3）播种技术　于10月中下旬至11月上旬进行播种。播前种子用70％甲基硫菌灵500倍液浸种消毒3h，洗净后用赤霉素200mg/L浸种12～15h，捞出用清水洗净后放进恒温箱（32～35℃）催芽，种子露白后播种。或用55℃的温开水进行烫种消毒，烫种时应不断进行搅拌，水温下降到40℃以下至室温时浸泡8h，捞出晾干，外种皮裂开见白时播种。播前基质先浇透水，每穴播种1粒，然后覆盖1cm厚的基质。

（4）苗床管理　播种后要经常保持土壤湿润。当幼苗长出2～3片真叶时，适当减少土壤水分。出苗前棚内白天温度保持在28～30℃，夜间20℃以上，出苗后白天温度保持在25～28℃，夜间15℃以上，尽量多见光，基质发干时及时浇水。

（5）分苗　幼苗有2～3片叶时进行分苗，分苗用的苗钵直径应在12cm以上、高应在16～18cm，营养土可用70％田园土＋30％充分腐熟农家肥配制，每立方米营养土中再加入氮磷钾（15-15-15）三元复合肥2kg。

（6）分苗后管理　缓苗后白天温度保持在25～30℃，夜间温度在15℃左右，保证充足光照，营养土不干不浇水，抽出4～5片真叶时开始施肥，喷施0.2％的磷酸二氢钾和尿素，每周1次，轮换喷，连喷3次，并可开始逐步炼苗。炼苗前喷1次杀菌剂和杀虫剂，以防病虫为害。当长出7～9片真叶、苗高30～35cm即可定植。

4. 定植

（1）选地及整地　选择土壤肥沃疏松、避风向阳、排灌良好的地块。每

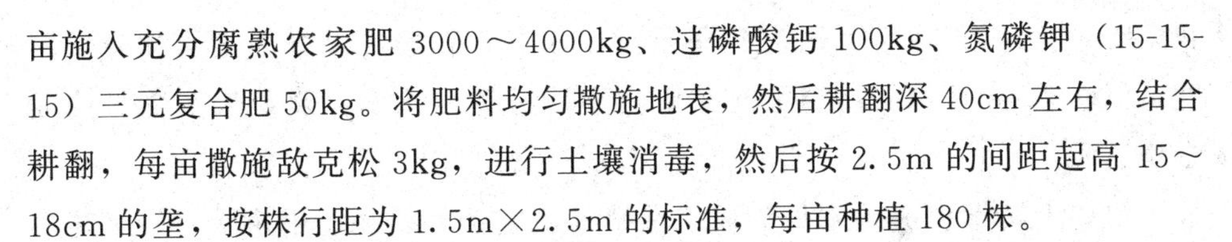

亩施入充分腐熟农家肥3000～4000kg、过磷酸钙100kg、氮磷钾（15-15-15）三元复合肥50kg。将肥料均匀撒施地表，然后耕翻深40cm左右，结合耕翻，每亩撒施敌克松3kg，进行土壤消毒，然后按2.5m的间距起高15～18cm的垄，按株行距为1.5m×2.5m的标准，每亩种植180株。

（2）定植　定植时，去除营养袋，不要弄松营养土团，不伤根。种植时不能过深，土层覆盖以略高于根颈为宜。栽后浇足定根水，铺设滴灌管，栽植行覆盖地膜，注意经常浇水，保持土壤湿润。

5. 田间管理

（1）温度管理　番木瓜缓苗期白天温度保持在30～35℃，夜间温度不低于15℃，棚内空气相对湿度控制在70%～80%，约10天即可见心叶生长，说明缓苗结束，进入营养生长期。在营养生长期白天温度控制在25～28℃，夜间温度不低于15℃，棚内空气相对湿度控制在60%左右，防止木瓜苗徒长，提高抗逆性，控制初次坐果节位，以利提高产量。花果期白天温度应控制在25～30℃，夜间温度要高于12℃，棚内空气相对湿度应在60%左右。要防止低温和高温的危害，一般气温低于12℃时番木瓜生长基本停止，低于6℃将出现寒害，0℃时受冻枯死。气温高于35℃影响花的发育，出现趋雄和引起落花落果。

（2）肥水管理　番木瓜树体生长和果实发育需要大量的养分，对营养条件反应敏感，营养缺乏时症状明显。番木瓜为喜钾植物，生产上要重视施用钾肥。番木瓜缺硼易得肿瘤病。

春季应施一次催梢肥，催梢肥应以氮肥为主，亩施尿素30kg左右，以后每隔20～30天追肥一次，每次每亩追施氮磷钾（15-15-15）三元复合肥25～30kg，在显蕾期，每株施饼肥或生物有机肥2.5kg，以利坐果。

番木瓜生长发育需要充足均匀的水分供应，土壤湿润而不积水是高产、稳产、优质的保证。土壤水分不足，植株生长缓慢，茎干和叶片纤细，开花结果不良；水分过多，根区通气不良，会引起烂根死苗。可采用少量多次滴灌的方法供水。

（3）光照管理　番木瓜对光照要求比较高，光照强植株矮壮、根茎粗、节间短、叶片宽大厚实，光照不足条件下茎干较细，节间和叶柄长，叶片薄，花芽发育不良，坐果少，果实小。在果实成熟时光照欠缺则果实品质受影响。所以，高产优质栽培最好选择光照条件好的日光温室进行。日光温室

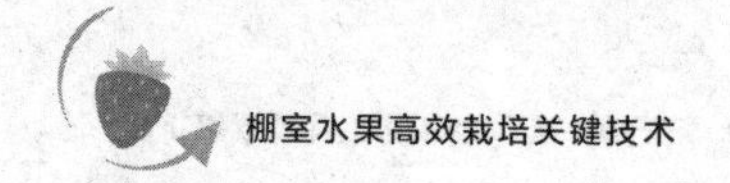

栽培时，在6～9月份可以揭开棚膜，转入露天栽培，以增强光照和降低温度，但在7、8月份的高温强光季节，要考虑适当遮阳，避免果实受日灼而影响品质。

（4）土壤管理　番木瓜为浅根性植物，定植后要注意中耕除草，以防病虫害滋生，除草时要注意保护根系。每隔一段时间要结合施肥适当培土，以防露根。培土层不宜太厚，每次培土厚度3cm左右，不要在下雨天进行。

（5）空气管理　番木瓜是一种对空气质量要求较高的水果，在温室栽培中，由于通风条件的限制和冬季保温的需要，温室内的空气质量一般不是太好，如果由于施肥不当产生氨气，寒冷季节用煤加温产生的煤烟或由于空气污染物SO_2、HF、氮氧化物浓度超标，均会引起叶片的病变，所以，温室栽培到了冬春季节要注意通风换气，避免有害气体的积累对植株造成伤害，如果温室冬季确需加温，尽量不要使用燃煤。

（6）植株管理

① 疏枝及疏花果。番木瓜以主干结果为主，叶腋处的侧芽应及时摘除，开花前及时摘去多余的花，保证每一叶腋有1～2个果，保留顶部最大的。单株平均留果20～25个，以后的花果全部疏去。疏果最好在晴天午后进行。有条件的可以进行人工授粉。

② 支架栽培。番木瓜茎干较高，组织松脆，根浅生，结果后树身重，茎干容易折断，生产中应选用矮生品种，用尼龙绳吊蔓或用竹、木做支架支撑加固。

（7）病虫害防治　番木瓜温室生产中主要病害有番木瓜环斑花叶病、炭疽病、白粉病、根腐病等；主要虫害有红蜘蛛、蜗牛、桃蚜。

① 番木瓜环斑花叶病。该病传播快、为害严重，近年来发展成为毁灭性病害。

防治方法：

a. 选择耐病品种如红妃、穗中红等。

b. 以春植为主，加强管理措施，培育健壮植株，提高抗病能力。

c. 及时挖除病株，消灭侵染原，新旧果园适当隔离。

d. 药剂防治：药剂治蚜，切断传播途径。定期喷药灭蚜，在蚜虫发生高峰期尤其干旱时期应及时喷药防治；同时，在发病初期喷施“海状元818”菌毒煞营养液500倍与“海状元818”稀土钙800倍、“海状元818”

甲壳锌硼镁800倍混合液，每隔5～7天喷施一次，连喷2～3次。

② 炭疽病。以秋季为害最为严重，幼果及熟果发病多，在果实贮藏运输期间本病仍然可继续为害。

防治方法：

a. 彻底清除病残体，集中烧毁，喷波尔多液保护果实。

b. 8～9月份，发病初期使用70%甲基硫菌灵1000倍液或灭病威500倍液或50%多菌灵800倍药液交替喷施，共3～4次，也可选用代森锰锌、炭疽福美、可杀得2000、乙磷铝等药剂。

c. 适时采果，避免过熟采收，避免采摘时弄伤果实，并在采果前2周喷施“海状元818”植物卫士1000倍液，可以起到防腐保鲜作用。

③ 番木瓜根腐病。主要为害根颈及根部，育苗期和刚定植不久的小苗较容易感病。特别是育苗地及栽培地块过于潮湿或排水不良造成积水、土壤黏性大更易感染此病。植株发病初在茎基部呈水渍状，后变褐腐烂，叶片枯萎，植株枯死，根变褐坏死。

防治方法：

a. 育苗棚内要通风透气、透光、降低湿度，育苗地和种植地要排水良好，避免积水与连作，并穴施“海状元”微生物菌肥或“海状元”重茬剂进行防治。

b. 发病初期使用70%敌克松可湿性粉剂1000倍液或50%多菌灵可湿性粉剂500倍液或根腐宁淋根，7～10天一次，共2～3次。

④ 花叶病。番木瓜花叶病是一种毁灭性病害，以预防为主。首先是加强栽培管理，采取1年制耕作；从种植到开花结果期要及时挖除病株，并用生石灰或其他杀菌剂对挖除工具及植株生长土壤进行消毒；再次是消除病源，适当隔离。

⑤ 白粉病。可用40%胶体硫悬浮剂250倍液，或25%粉锈宁可湿性粉剂1500倍液进行防治。

⑥ 蜗牛。主要取食幼苗、嫩梢与花蕾，每年4～6月间为害较重，小面积发生可以人工捕捉，药剂可用6%密达（四聚乙醛）颗粒剂诱杀。

⑦ 蚜虫。可选用50%抗蚜威可湿性粉剂2000倍液，或20%杀灭菊酯4000倍液、2.5%溴氰菊酯5000倍液等进行防治。

⑧ 红蜘蛛。可用73%克螨特乳油1500～2000倍液，或5%尼索朗乳油

2000倍液，或50%托尔克可湿性粉剂2000～2500倍液等进行防治。

(8) 采收　木瓜成熟时，果皮由绿转黄，果实中可溶性糖含量逐渐增高，风味变好，果肉变软，可根据销售市场的远近选择果皮出现黄条或全黄时采收。采收时可用小刀割断果柄或用手折断果柄，采收时应轻拿轻放，采后的果实在园内进行分级，用纸包好，装入纸箱。

第十二节　枇杷温室栽培技术

枇杷口味甘甜，肉质细腻，形如黄杏。在北方温室内种植，可10月开花，11月坐果，从果实的发育到成熟，只需要3～4个月的时间，成熟期可以提前到翌年2月份左右。枇杷果实富含人体所需的各种营养元素，是营养丰富的保健水果。

一、形态特征

枇杷为常绿小乔木，高可达10m。小枝密生锈色或灰棕色茸毛。叶片革质，披针形、长倒卵形或长椭圆形，长10～30cm，宽3～10cm，顶端急尖或渐尖，基部楔形或渐狭成叶柄，边缘有疏锯齿，表面皱，背面及叶柄密生锈色茸毛。圆锥花序花多而紧密；花序梗、花柄、萼筒密生锈色茸毛；花白色，芳香，直径1.2～2cm，花瓣内面有茸毛，基部有爪。果近球形或长圆形，黄色或橘黄色，外有锈色柔毛，后脱落，果实大小、形状因品种不同而异（图5-14）。花期10～12月，果期第二年5～6月。

二、生长习性

枇杷喜光，稍耐阴，喜温暖气候和肥沃湿润、排水良好的土壤，稍耐寒，不耐严寒，生长缓慢，适宜在年平均温度15℃以上，冬季不低－5℃，花期、幼果期不低于0℃的地区生长。寿命较长，嫁接苗4～6年开始结果，15年左右进入盛果期，40年后产量减少。我国北方可在温室中进行栽培。

三、温室栽培技术

1. 定植

在温室内按南北行定植，实行密植栽培，株行距为2m×1m，每行5

图 5-14 枇杷结果状

棵。苗木选择 1 年生苗，春秋均可栽植。春季一般在 3 月中下旬栽植，定植过迟，植株已发芽抽梢，定植后会影响生长；定植过早，天气太冷，定植后不易成活。秋植在 10～11 月，定植过迟，气候转冷，根系难以恢复，一经霜冻，易落叶枯萎；定植过早，气温偏高，气候干燥，枝叶幼嫩，也不易成活。温室栽培时以秋植为好，移栽时注意带土球保护根系，以提高成活率。

栽植时先确定栽植点，再按点挖穴。栽植时最好采用大穴大肥大水方法栽植。由于采用带土球苗木，栽植穴直径和深度应在 80cm 以上，每穴施入充分腐熟的农家肥 30～50kg，将肥料与表土充分混合后填穴。定植后，及时浇缓苗水，据土壤墒情，每穴浇水 30～50kg，以后据土壤墒情，适当浇水，保持土壤湿润。

2. 温度管理

11 月平均气温降至 10℃时，第一次较强冷空气来临之前，对大棚覆盖棚膜。盖膜时间不宜过早或过晚。盖膜前，树冠下铺银黑地膜，以利保墒、防草、增加地温，防止土壤水分蒸发降低环境湿度。扣棚后 20 天左右开始加温，保证夜晚最低温不低于 10℃，同时注意正午的温度不宜过高，要及时通风换气，保持温室内温度不要超过 30℃，5 月份晚霜过后，将棚膜除掉。

3. 光照管理

幼苗喜欢散射光，定植后在光照强烈时应搭遮阳网遮阴。但成年树要求足够光照。阳光直晒易引起日灼，因此必须适当密植，夏季搭遮阳网遮阴。

4. 水肥管理

枇杷喜空气湿润、水分充沛的环境。在果实发育期和新梢生长期应少量多次浇水，在果实成熟期适当控水，以免发生裂果、果实品质下降和成熟期推迟等不良后果。

枇杷生长量大，无明显休眠期，年抽梢3～5次，需肥多。幼树每年施肥5～6次，每2个月1次，以氮肥为主，薄肥勤施。成年结果树年施肥4次。第一次在7月中旬到8月中旬开花前施肥，株施畜禽粪肥5～10kg。第二次在11月下旬至12月上旬施肥，株施农家肥4～5kg，复合肥0.8～1kg，钙镁磷肥0.8～1kg，尿素0.3～0.5kg。第三次在次年1月果实迅速膨大期，施以钾、磷为主的速效性肥料，并进行根外施肥。第四次即果后肥，在次年3月下旬，采果前或采果后1周内施，以氮肥为主，配施部分有机质肥。

5. 花果管理

枇杷花期较长，在温室中主要利用头花，不仅果实较大、品质好，而且使枇杷早结实、早成熟。花期要加强环境调控，白天温度控制在15～25℃，夜间10～15℃，白天相对湿度70%～85%。花期湿度对枇杷授粉受精影响很大，湿度过大、温度（15℃以上）又较高时，花药、柱头很容易受潮膨胀，产生灰霉，严重影响授粉受精，造成败花、子房萎缩，未能膨大即脱落。因此，花期须经常打开通风门窗和掀开两侧棚膜，通风换气、降湿、降温、增光。早晚或阴雨天气，每天利用白炽灯补光3～4h。

枇杷温室生产时尽早疏除过多、过密花穗及弱枝花穗，使营养枝与结果枝比例为1∶1，以保证连年丰产。同时，留下的结果花穗剪去花穗长的1/2～2/3，留中下部3～4个支轴结果，疏去迟开的花，保留早开的花。

坐果后幼果直径1cm左右时开始疏果，摘除畸形果、病虫果或发育不良的幼果，每枝留果2～4只，4叶以下的枝不留果，以主梢结果为主，副梢结果为辅，壮枝多留果，弱枝少留或不留。疏果时尽量留在叶丛中的果实。疏果后10天，根据枝叶定果，进一步选优去劣，疏除过多的果，每枝留果1～3只，使叶果比达1∶(1～1.5)。在最后一次疏果结束后，幼果就有拇指那么大，此时可以进行套袋。套袋前先疏去过多的果穗支轴，通常每穗中保留2～3个支穗，然后疏去病虫果、冻伤果或机械损伤果，再疏去小果和密生果，保留中部膨大稍圆的果实。树势旺、结果枝强壮、叶片多的树，以及树冠中部和下部适当多留果，否则少留。套袋前喷一次杀菌和杀虫药剂，待药水干了后进行套袋。套袋时应遵从由上到下、从里到外、小心轻拿的原则。不要用手触摸幼果，防止果面形成果锈，不要碰伤果并注意防止落果。将袋口充分撑开，手托起袋底，将幼果套入袋中，位置要适当，防止果实触及袋面，以减轻日灼。套袋完成后，袋的基部用尼龙线扎紧，也可用订书钉夹住。每批套袋果宜在袋上作出标记，以区别成熟期的迟早，便于采收时辨认。生长中如出现纸袋破损，要及时补牢。摘果时撕袋。

幼果期白天温度控制在7～18℃，夜间温度控制在5～10℃，避免－3℃以下的低温和昼夜温差过大，日较差在10℃以下为宜。同时，低温过后要注意避免升温过快过急，确保幼果正常发育。由于此期已加盖遮阳网，光照强度明显不足，必须在早晨开灯补光4～5h，阴雨白天全天补光。此期在晴天中午前后，棚温仍能达25℃以上，所以仍应视温度、风向等天气情况开窗掀膜、通风换气，把温度降低到20℃左右为宜，特别是寒流过境前，要降低棚温5℃左右，以免降温过剧而对树体造成损害。

6. 整形和修剪

幼树期不进行大量修剪，主要采取拉枝的方式，在头花前一个月至一个半月进行拉枝，促进花芽分化，保证枇杷的早期产量。枇杷采摘完以后，对结果枝进行修剪，以疏枝为主要手段，主要疏除弱枝、病虫枝和过密枝，适当回缩不结果的长枝，避免枝条密挤、交叉重叠，影响光照。

7. 病虫害防治

在温室中主要易发生的病害有日灼病和叶尖焦枯病。因此，在利用遮阳网等遮阴避免日灼病发生的同时，加强土壤改良和培肥管理，提高植株抗病力。主要虫害有红蜘蛛、蚜虫等，可选用高效低毒的农药防治。

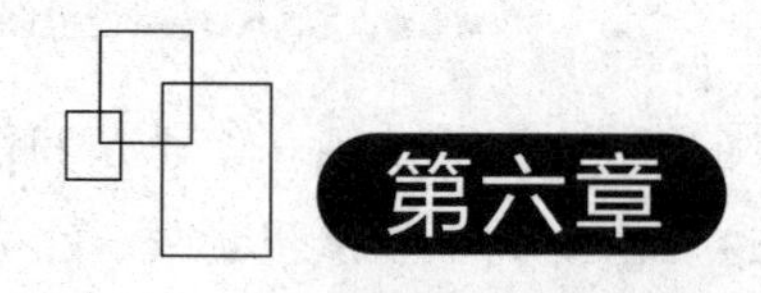

第六章

棚室水果延迟栽培技术

第一节　葡萄延迟栽培技术

延迟栽培在我国北方主要应用在葡萄生产中，主要有两种生产方式，一是促成兼延迟栽培，在一年两熟栽培中，其二茬果可比露地葡萄晚熟 40 天，并可采用当时的低温，在温室内延后 60 天采收；二是指利用温室或塑料大棚，通过相应配套措施，调控葡萄的生长发育，尽量推迟果实生长期，人为地将果实成熟期延迟到早霜以后的栽培措施。通过生长后期覆盖防寒，推迟采收时间，代替贮藏为基本特点，可在元旦至春节期间采收新鲜葡萄供应市场，提高经营效益。

葡萄棚室延迟栽培已成为我国三北地区重要高效生产模式之一。

一、延迟栽培成为重要高效生产模式的原因

延迟栽培之所以在我国北方发展较快，主要原因有：

（1）葡萄延迟栽培有利提高果实品质　延迟栽培的葡萄生长时间长，物质积累充分，果实中可溶性固形物含量高，有利果实品质提高。

（2）葡萄延迟栽培有利果实保鲜　延迟栽培可最大限度地延长果实留树时间，有效延长果品供市时间。

（3）葡萄延迟栽培有利提高生产效益　延迟栽培有利提高葡萄果实的售价，对生产效益的提升效果非常显著。

二、葡萄延迟栽培的理论基础

延迟栽培主要是利用葡萄可以一年多次结果的习性，采取相应的措施，

促使葡萄冬芽或夏芽副梢萌发形成花序，以达到果实在常规成熟季节之后成熟的栽培方式。也可以利用晚熟或极晚熟品种的一次果进行延迟采收。

三、葡萄延迟栽培适应的范围

葡萄延迟栽培不是任何地方都适宜的，根据郑州果树研究所的调查，一般在年平均气温 4～8℃较为冷凉的气候条件下、冬春季日照充沛、有良好灌溉条件的地区，最适宜开展延迟栽培。

四、葡萄延迟栽培的主要方式

葡萄延迟栽培主要有两种方式。

（1）利用晚熟或极晚熟品种的一次果进行延迟栽培　在无霜期短的地区栽培生育期较长的晚熟或极晚熟品种，利用棚室保护来避开早霜低温危害，完成果实的发育成熟过程，并利用当时的低温，进行“挂树贮藏”，延迟采收，一般果实可延迟到元旦前采收。

（2）利用葡萄易一年中多次结果的习性进行延迟栽培　在生育期大于 180 天的地区，利用葡萄多次果比一次果成熟期相对延迟的特点，可进行一年两次以上葡萄果实生产，或不留一次果，只用多次果进行延迟栽培，果实成熟采收时期的调节幅度较大。

五、甘肃葡萄延迟栽培的关键技术

1. 葡萄延迟栽培时品种的选择

利用晚熟或极晚熟品种的一次果进行延迟栽培时，应选择果实生育期长的品种，且要求品种综合性状优良，商品价值高，果刷发达，耐拉力强，成熟后不落粒、不缩果的品种，甘肃延迟栽培应用的品种主要为红地球。

2. 适时秋栽大苗

在九月中下旬至十月上旬，及时带叶移栽 2 年生以上的大苗，通过冬剪缓苗，以利第二年投产。移栽时应掌握“三大一快”的要求，即采用“大坑、大肥、大水”栽植法，定植穴要长、宽、高各 1m 左右，在每个定植穴中施入优质农家肥 50～75kg，浇水 15～20kg，“一快”是指采用边起苗边移栽的方法，缩短植株在空气中露根的时间，栽时多带土、少伤根，这样在栽后 15～20 天就可长出新根，为结果打好基础。

3. 合理密植

为了充分利用空间，葡萄保护地延迟栽培时应实行计划密植法，南北成行，株距0.5m，行距2m，在结果后第二年改造成0.5m×4m，这样有利于产量的提高。

4. 架式选择

保护地内由于高温高湿，光照不足，植株易发生徒长现象，加之红地球葡萄幼树期生长旺盛，植株喜光而果实易发生日灼现象，一般红地球葡萄生产中采用棚架栽培优势明显，有利缓和树势，进入结果期早，果实品质优良，日灼危害轻。生产中应注意栽培棚架顶部距离保护棚室的棚面保持1m以上。

5. 秋施基肥

在落叶后每亩施优质农家肥4000～5000kg，过磷酸钙30～50kg，尿素5～7.5kg。

6. 冬剪

在落叶后及时进行。采用龙干整枝方式，每株留1条蔓，采用单主蔓扇形修剪法，以保证田间群体适宜，以利高产优质。幼树期以促进生长为主，修剪时应以短梢修剪为主，应重截；结果初期，要重点加强结果母枝的培养；盛果期要注意加强枝蔓更新，以保持旺盛的结果能力。修剪时可据枝梢的长势不同，采用不同的方法，弱梢应重截促旺，强旺枝可采用中梢修剪，充分利用中部优势芽眼结果。

红地球葡萄植株喜光而果实易发生日灼，因而对枝量的多少要求较严格。为了保证田间有良好的通透性，一般在离地50cm以下不留枝，延长梢在80cm处剪截，在延长梢上按每20cm左右留1个结果母枝的原则留枝，左右分层排布，一般棚架每平方米架面留8～10个新梢。冬剪时按此留梢，在进入盛果期后，大体上每亩留4000个左右的新梢，每株留15个左右的新梢为宜。

红地球葡萄穗大、粒大，结果对梢中养分消耗多，结果后的梢变得细弱，结果能力会降低，生产中要加强枝组更新，以保持旺枝结果，提高结实能力。一般更新时可用单枝更新，也可用双枝更新。单枝更新时，在一个一年生枝条上进行，冬剪时不留预备枝，只留结果枝，第二年萌芽后上部枝条结果，而将靠近主蔓的枝条培养成预备枝，再冬剪时选留基部粗壮的预备枝新梢截留2～5芽，将这个梢的上部所有枝组连同上一年的结果母枝一并剪去，结果母枝仍留1个。双枝更新是在1个枝组的2～3个枝条上进行预备枝培养和更新，结果母枝交替更换，在蔓上每20cm左右选留一个固定的结果母枝。冬剪时每个枝组留2～3个成熟枝条，上部枝条进行中梢修剪留3～5芽，做第二年的结果母枝，下部枝条留1～2芽短截作预备枝；第二年冬剪时将结果后的上部枝疏除，再从预备枝上选留成熟壮枝中梢修剪，同时仍选留下部枝短梢修剪，这样反复进行更新，保持壮枝结果，以利产量和品质提高。

7. 适期扣棚盖膜

延迟栽培扣棚盖膜应在秋季降温前进行，以防突然降温给葡萄生长发育带来不良影响。

8. 棚室内温、湿度的调控

扣棚后前期要注意降温，以尽量延迟树体萌芽、开花的时间，在不受冻害的前提下，白天可适当放风。由于葡萄保护地栽培时，棚内温度低于5℃时易出现冻害，降至0℃会发生严重冻害，因而在11月份后，随着气温降低，要注意防寒保温，白天棚内温度应保持在20～25℃，夜间应维持在7～10℃，最低温应大于5℃，空气相对湿度应保持在70%～80%。早春盖草苫或黑色棚膜遮阴，延迟花期。

9. 生长期的管理

（1）环境管理　在4月中下旬开始升温，前5天大棚温度控制在15～20℃，慢慢提高到28～32℃，最高温度控制在35℃内。开始萌芽后，马上覆地膜降湿保温，棚温控制在25～28℃。开花至坐果期，温度控制在30～32℃，湿度控制在60%。坐果后温度控制在25～28℃。

（2）树体管理　在萌芽后应及时抹除多余的芽，当新梢开始生长时，要抹除副芽枝、隐芽枝，当新梢长至20cm左右时按留梢目标，每平方米架面均匀留10个左右的新梢，将其余梢及时抹除，在坐果后剪除多余的枝梢及徒长的新梢。在花序分离后，将果穗顺到架下，将强旺新梢均匀绑在架面上。在花前于花上留6～8叶摘心，提高坐果率，并去掉花穗下的副梢，7～8月份，对旺长新梢摘心，促进营养积累。对于萌发的副梢保留1～2叶反复摘心，每平方米架面适宜的留果量为3～4kg，不宜过多，每结果枝留1穗果，花序分离后去副穗，并掐去1/4的穗尖。在落花后按树大小，每株施

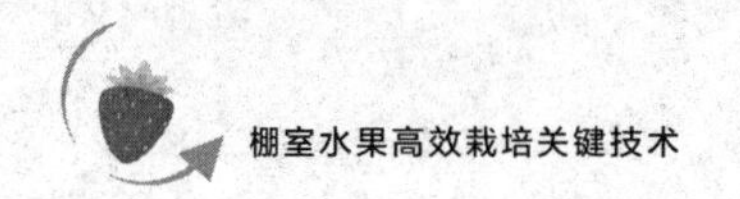

0.15～0.45g 的多效唑，以抑制新梢的生长，促进花芽分化。

(3) 土肥水管理　在生长期应及时中耕，保持土壤疏松。在果实膨大期每亩追施尿素 25kg，过磷酸钙 50kg，硫酸钾 25kg 左右；在果实采收后，每亩施腐熟有机肥 4000kg 左右，磷酸二铵 30kg 左右，草木灰 300kg，以补充因结果而消耗的大量营养。在萌芽前浇一次透水，促进萌芽，在果实生长期视土壤墒情进行浇水，保护地内浇水应注意小水勤浇的方法，以控制环境内的湿度。

(4) 病虫害防治　棚室栽培时，光照不良，高温高湿与低温高湿环境交替出现，有利病害的发生和扩散，特别是灰霉病、穗轴褐枯病、炭疽病、白腐病等病害发生严重，要加强防治。棚室栽培葡萄病虫害防治时应按照短间隔、多次数的用药原则进行防治。防治时应抓好以下关键环节：

① 葡萄绒球期用 45%晶体石硫合剂 30～40 倍液杀灭病菌虫卵。

② 2～3 叶期喷安泰生 800 倍液＋双效有机液肥 500 倍液＋敌杀死 3000 倍液防治黑痘病等。

③ 开花前喷施佳乐 1000 倍液＋采康金硼液 2000 倍液＋锐劲特 2000 倍液，防治灰霉病、穗轴褐枯病及蚜虫等。

④ 花后喷多氧清 2 号 1000 倍液＋双效有机液肥 500 倍液＋托印楝素 1000 倍液，防治灰霉病及蚜虫等。

⑤ 幼果期喷农抗 120 800 倍液＋福星 10000 倍液或世高 3000～4000 倍液＋双效有机液肥 500 倍液，防治炭疽病、白粉病、白腐病、灰霉病等。

⑥ 成熟前期喷农抗 120 800 倍液＋多氧清 2 号 1000 倍液＋蛾克 800 倍液，防治白腐病、炭疽病、白粉病、叶斑病、天蛾幼虫等，并用性诱器诱杀雄斜纹夜蛾。采收前 15 天停止一切用药。

⑦ 采收后喷 M 大生 800 倍液＋双效有机液肥 500 倍液防治褐斑病，隔 10 天再喷半量式波尔多液防治褐斑病、霜霉病，隔 20 天喷 45%晶体石硫合剂 150 倍液防治白粉病，保护好叶片，并做好秋梢修剪，防止旺长，积累养分，促进花芽分化。

10. 适期采收

延迟栽培的果实成熟后，应利用当时的低温条件，合理地调控保护地内的温度，让果穗继续挂在树上，据市场行情有计划地安排上市，以提高生产效益。一般大棚延迟栽培时采收时间在 11 月上中旬，温室延迟栽培时采收时间在元旦至春节期间。具体采收时要据叶片的老化程度来决定采收时期，当大部分叶片老化时，就要及时采收，防止采收过迟导致果实变软、品质下降、落粒现象的发生。

第二节 枣树延迟栽培

目前枣树生产中的鲜食品种多在9月份集中成熟，此时温度高，难以保鲜，自然存放寿命短，遇阴雨天裂果烂果严重。为了解决这些问题，可采取人工措施推迟开花结果，推迟采收，延长鲜枣供应期，提高商品果率。关键技术措施如下。

一、枣树延迟栽培的方式

1. 通过延迟物候期进行延迟栽培

北方高纬度枣产区，可于地温回升前，在棚内存储大量自然冰块或采取机械制冷，同时采取覆膜并加盖草帘等保温遮光措施，保持棚内气温在5℃左右。根据延迟的时间长短决定加冰量和制冷时间。

2. 延期定植栽培

可采取盆栽方式进行棚室栽培。发芽前将盆栽枣树置于恒温冷库内，保持5℃左右，完成延迟日期后再移回棚内进行栽培。

3. 选用晚熟品种栽植延迟

选用的品种为晚熟、极晚熟品种如冬枣、雪枣等。在枣树正常落叶前1个月，即10月上旬日均温低于16℃时开始覆膜升温，保持昼温25～30℃，夜温大于18℃。

4. 一年两熟栽培

关键技术措施如下：

(1) 品种选择　选择需冷量少的早中熟品种如七月鲜、早晚蜜、六月鲜、大瓜枣、大白玲、特大蜜枣、金丝新4号、七月酥、梨枣等。

(2) 技术路线　一次果生产枣树落叶后，采用低温暗光促眠技术解除树体休眠，于12月下旬至次年1月上旬覆膜升温，进行促成栽培。第一茬果6～7月成熟。

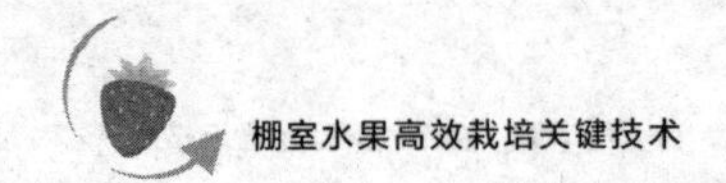

(3) 关键技术　生长季强迫树体休眠和二次萌发技术是一年两熟技术的关键。在头茬果采收后，根据预定二次果采收日期的早晚确定强迫树体休眠的日期，采用人工或化学方法强迫休眠，并促进2次萌发，进行2茬果的生产。

① 人工强迫休眠。在预定的强迫休眠日期，对枣树进行强剪，剪除所有枣吊和一次枝、二次枝上的叶片，促使枣股重新萌发枣吊。

② 化学强迫休眠。头茬果采收后，叶面喷施200～300mg/L乙烯利溶液，促使枣吊和叶片脱落。短截一次枝和二次枝，疏除全部已落叶的木质化枣吊，并对剪口和枣股进行药剂处理，促使隐芽或枣股萌发新枝和新枣吊。

(4) 二次果生产　枣吊二次萌发后，加强水肥管理，促进枣吊生长发育，花期若遇阴雨或气候干旱要及时覆膜避雨或增加湿度，增强保花保果能力。进入9月后，根据气温变化，当日均温低于16℃时开始覆膜、增温、补光。二茬果采收完后逐渐撤膜，使树体进入自然休眠。

二、枣树延迟栽培的管理

可参考第五章第七节日光温室红枣栽培技术相关内容。

第七章

避雨栽培技术

在我国北方栽培的葡萄、枣、樱桃、油桃等树种，果实成熟期淋雨会出现裂果，造成大量落果，影响果实外观和质量，造成巨大的经济损失，避雨栽培是一项新的栽培技术，在水果的生长季节，在果树上部，搭架覆盖塑料薄膜，下雨时使水顺膜流下再排出园外，不落在叶、蔓、枝、果上和园中，这样可大大减少裂果和落果现象，改善果实品质，促进生产效益提高。

第一节　葡萄避雨栽培技术

一、葡萄避雨棚种类

根据葡萄栽植行距的宽窄和选用的架式，一般可采用以下两种避雨棚。

1. 窄棚

棚宽 2.8m，棚高 2.6m，棚长 50～100m，适用于行距 3m 的单篱架、双篱架和双十字 Y 形架的葡萄园。在四周灌进水泥浆凝固或用木楔塞紧固定水泥桩，水泥桩顶在架上升高 60～90cm，然后将同行向的横梁两端及水泥桩顶上用钢筋或竹竿、木杆从头至尾连接起来，作为棚檐和中梁，其上每隔 50cm 横搭一根竹竿或细钢筋，绑缚牢固，薄膜边缘要用夹子固定于棚架上。薄膜扎好后，在上端每隔 1m 用压膜绳扎住，防大风损坏（图 7-1）。

2. 宽棚

棚宽 4～6m，棚高 3.0～3.6m，棚长 50～80m，适用于行距 2m 的篱架、平顶棚架和屋脊式架栽培。建棚时，在确定的雨棚两边，每隔 6m 立一

图 7-1 窄棚

根直径 6cm、埋入土中深 60cm、露出地面高 2.3～2.8m 的钢筋水泥柱，横向两柱上焊接弧形钢管作为棚拱，棚拱中间再焊接钢管或搭木杆连成中梁，中梁至两边棚檐上每隔 50～60cm 用弧形钢筋或竹竿搭成棚肋，其上覆盖棚膜压紧即成。

二、葡萄避雨栽培的方法

1. 避雨覆盖时间

从葡萄开花前覆膜到葡萄采收完揭膜，全年覆盖 6～7 个月，中晚熟品种，果穗套袋后以晴天和多云天气为主时可临时揭膜，使蔓、叶在全光照下生长，有利营养积累和花芽分化，并能减轻高温影响。

2. 葡萄避雨栽培管理

（1）露地期管理　萌芽后至开花前为露地栽培期，适当的雨水淋洗，对防治长期覆盖所致的土壤盐碱化有益，此时栽培管理基本与露地相似，应注意黑痘病对幼嫩组织的危害。覆膜后，白粉病为害加重，虫害也加重。白粉病防治主要抓好合理留梢、及时喷药两个环节。每亩留梢 4500～5000 个，保证通风透光，保证抽发强壮新梢。

（2）温度管理　避雨栽培只是遮住棚架上面部分。整个葡萄园仍是通风透气的，与露地栽培差异不大，一般不会出现“烧叶”现象，一般在雨天进行塑料薄膜覆盖，而在晴天可卷起塑料薄膜，促进葡萄生长和防止高温危害。

（3）水分管理　避雨栽培虽然用薄膜遮盖架面，简易 T 型架避雨方式，采取一畦一棚，下雨时雨水通过棚间隙落入畦沟，再从畦沟逐渐向畦里渗透，供根部吸收。葡萄需水较多的时期是发芽至果实膨大期，正值雨季，畦沟里始终保持有浅水层，一般可以满足葡萄对水分的需求，但遇连续晴天和晴间多云天气适当灌水或喷水，使畦面保持湿润，有利果粒膨大。采用大棚方式或连栋大棚最好配置滴灌棚室，在连续晴天干旱情况下注意水分的灌溉。着色期需水量少，水分多则品质下降，此期畦沟不宜积水过多。

（4）病虫害防治　采用避雨栽培，空气相对湿度降低，一般不会发生黑痘病、霜霉病，白腐病、炭疽病、灰霉病等发病率也会下降，病虫害发生较轻，可根据具体发生情况，参考温室葡萄病虫害进行防治。

第二节　枣树避雨栽培

一、枣树避雨栽培的优点

枣树避雨栽培是一种新型的枣树棚室栽培形式，主要目的是避雨，减轻裂果和病害，提高枣果的外观品质和商品性，扩大枣树的种植范围。

二、避雨棚的搭建

避雨棚的结构比较简单，顺枣树行向，在其顶部搭成拱形或屋脊形棚，其跨度因树冠大小而定，以完全覆盖住枣树树冠为宜（图 7-2）。

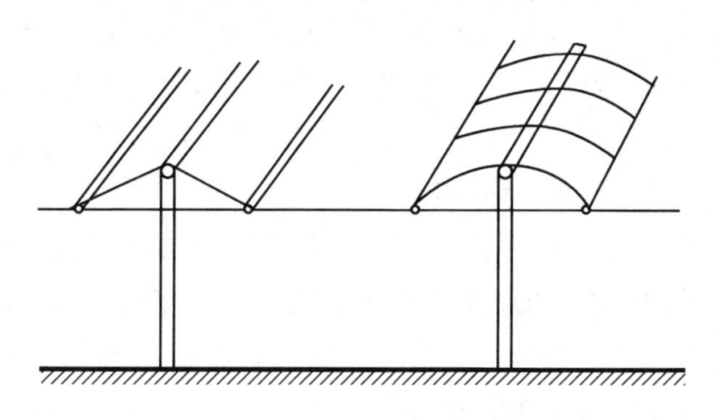

图 7-2　枣树避雨棚示意图

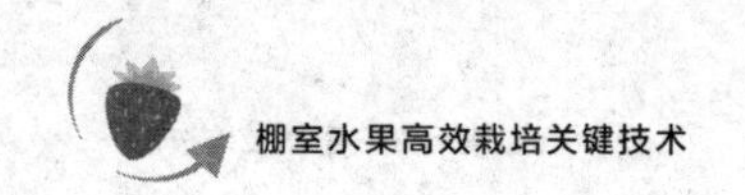

三、枣树避雨栽培技术要点

1. 适地栽植

虽然枣树适应性强，在全国大部分地方可栽植，但要进行优质、高效栽培，则必须选择最佳栽培区种植。在栽培枣树时应选择无霜期较长、土壤肥沃、土质疏松、地下水位较低的地方建园。

2. 合理选种

我国红枣资源丰富，全国大约有700多个品种，生产中应尽量选择具有较强结实能力、大果型的品种发展，以利丰产优质。

3. 适度密植

生产中应改变高干大冠栽培方式，为了便于作业，应向低干矮冠转变，适度密植，走群体增产的发展道路。一般可先采用2m×3m株行距定植，以促进早期光合面积形成，利于早结果早丰产，以后随着树冠的扩大，边结果边改造，逐步改造成3m×4m的株行距。

4. 强化土肥水管理

大多数枣品种树势较旺，生产中要注意控制树势，总体上要求树势要壮而不旺，因此在生产中要加强土肥水管理。具体应做到：

(1) 推广作物秸秆覆盖，改良土壤　枣适应性强，在多数土壤上均可良好生长，但在黏质土壤上栽培时，根系多生长不良，影响吸收能力，生产上应大面积推广作物秸秆覆盖，通过秸秆腐烂，增加土壤有机质含量，改善土壤的理化性状，增加土壤的通透性，促进根系生长，以形成强大的根群，增强植株的吸收能力。

(2) 合理施肥　坐果率低是枣生产中存在的主要问题之一，而树体内营养欠缺，不能满足新梢生长、开花结果对养分的需求，是导致落花落果的主要原因之一。因而在枣生产中要加强施肥管理，为枣丰产优质提供物质保证，在对枣树施肥时应重点做好以下工作。

① 重施基肥，补充树体营养。每年在枣果采收后要及早施足基肥，以补充树体所消耗的营养，增加树体贮藏营养，为来年的结果打好基础。基肥应以有机肥为主，注意配施磷钾肥，亩施有机肥应在4000～5000kg，磷酸钙100kg左右，硫酸钾100kg左右。

② 控制花前肥，抑制枣树前期旺长。枣具有边抽枝、边开花、边坐果

的特性，花前施肥不当，特别是施用氮肥较多时，极易导致枝梢旺长，营养生长会消耗大量树体营养，不利坐果，因而在基肥施用充足的情况下，花前可不施肥，特别是应严控氮肥的施用，以防枝梢旺长。

③ 重施膨果肥，以利果实充分生长，提高枣商品率。在6月底7月初，坐果基本稳定后，要及时施用膨果肥，此次追肥应注意氮磷钾配施，按结果多少和树势强弱施肥，结果多、树势弱时应多施，结果少、树势旺时应少施，一般每亩施磷酸二铵50kg左右，硫酸钾50kg左右为宜。

（3）适时适量浇水　枣抗旱性较强，但在花期潮湿的环境有利坐果，果实成熟前水分供给过量时，易造成裂果，降低果实中的含糖量，导致果实风味变淡，因而在枣生产中水分管理上，应重点做到抓两头、放中间。一般在花期，如果干旱，可进行灌水，以提高园内空气湿度，促进坐果；由于枣对干热风敏感，花期干旱时应采用早晚喷水的方法，创造潮湿的环境条件，以利枣授粉受精。在枣果坐住后，一般自然降水可满足其生长需要，如果土壤墒情差，可在施用膨果肥后浇一次水，以增加肥料的吸收利用率。在成熟前一个月，要控制果园土壤水分，降雨后如果园内有积水，应及早排除，防止出现裂果，降低果实风味。

5. 合理整形

枣整形时应符合两个原则：一是树形要适应枣树喜光的特性；二是树形要低干矮冠，便于作业。生产中表现优良的树形有开心形和纺锤形，整形时总体上要求枝角度开张，分布合理，空间充分利用，宜稀不宜密。树高应控制在2.8～3m，枣头间距20cm左右，在枣头上每15cm左右留1枣股。

修剪时要注意冬夏剪结合，以夏剪为主，冬剪为辅，以促进产量和品质的提高。由于枣的枝芽种类及其生长、开花、结果习性与其他水果不同，枣树冬剪较独特，主要表现在：

（1）枣修剪时间较独特　由于枣树伤口愈合速度较慢，易风干，修剪不宜过早进行，最好在发芽前修剪为宜，但也不能过晚，过晚会减弱枝条的生长势，有时会抽干枣头。一般在3～4月进行为宜。

（2）枣结果性状较独特　枣具有边花芽分化、边开花结果的特性，枝梢与花果生长营养竞争矛盾突出，常导致花果大量脱落，采用夏剪的方法，人为地调节树体内养分的分配，可促使养分朝着有利生殖生长的方向流动，以利坐果。因而在生产中应切实搞好枣树夏剪。

枣修剪的重点在于配备主侧枝和结果枝组，由于枣树的结果枝是脱落性枣吊，花芽随着结果枝的生长而不断形成，所以对结果枝的选留可不予考虑。由于枣树生长较慢，年生长量较小，在选留骨干枝或结果枝组时，一定要选择生长直立强壮的枝，所选枝基部粗度不足 1.5cm 时不动，让其自然生长，待枝粗度达 1.5cm 后，进行短截，并剪去剪口下 1～2 个二次枝，促生新枣头，培养主侧枝及结果枝组。

(3) 枣幼树期控制过旺生长的方法较独特　枣树同其他水果一样，幼树期营养生长处于优势，养分消耗较多、积累少，坐果率不高。一般水果克服幼树期坐果率低的方法主要采用长放缓势，以促进花芽形成，要尽量减少剪截刺激，而枣树则对除培养骨干枝和大型枝组以外的发育枝要全部剪除顶芽，促使多形成结果枝，夏季及时抹除无利用价值的萌芽，花前对骨干枝及大型枝组以外的所有当年生枝进行摘心，以促使养分用于开花结果，防止幼树旺长。

(4) 枣树开甲（环割或环剥）要求较严格　开甲是水果幼树期控制营养生长、促进坐果的主要方法之一，但在枣树生产上应用时，要求较严格，初次开甲枣树树龄必须在 15 年以上，干粗应在 10cm 以上，过早开甲不利树体生长。初次开甲应从距地面 30cm 处开始，以后间隔 3～5cm 逐年上移。开甲一般应在枣花总量的 30％开放时进行为宜，这时开甲坐果率高，枣果个头整齐，成熟期一致，出干率高，品质好。开甲过早，虽枣个头较大，但坐果率低，裂果较重。开甲过晚，枣果皮薄，色浅，肉少，味淡，品质不高，开甲宽度以 0.3cm 为宜，开甲时应注意，除尽韧皮部，但不能伤木质部，开甲的树要加强甲口保护，促进伤口愈合。

(5) 枣树盛果期修剪较简单　由于枣树枣头和枣股在生长和结果上的分工较明显，枣股寿命长，枣吊自然脱落起更新作用，枣股延伸极慢，有利于通风透光，故修剪要着力解决好树冠郁闭、光照不良及提高坐果率两方面的问题，前者主要通过疏枝、回缩等方法进行，后者主要通过短截培养结果枝组来实现。

6. 多方并举，提高坐果率

坐果率低是枣生产中存在的主要问题，是制约枣发展的主要因素，在生产中应采取多种措施，以促进坐果率的提高。生产中应用的主要措施有：

(1) 缓势　枣树势较旺，枝梢竞相生长，消耗营养较多，用于开花坐果的营养相对不足，导致不易坐果，生产中应注意采用综合措施，以缓和枣树体的生长势，以利坐果。

(2) 开角 在花前将生长直立的枝条拉平，可有效缓和生长势，有利坐果。

(3) 环割 在初花期对生长较旺的枝条实行环割，以阻止光合产物下运，促使养分用于开花坐果，提高坐果率。

(4) 喷用激素 在盛花期喷10～20mg/L的赤霉素或200倍液的PBO果树促控剂、600倍液的多效唑，以缓和新梢的长势，提高坐果率。

(5) 摘心 在花期对所有新梢延长头摘心，以抑制新梢生长，提高坐果率，一般摘心越重，坐果率越高。

(6) 改变花期环境条件 一般花期潮湿的环境条件有利枣树坐果，可在花期通过地面浇水、树上喷水的方法创造潮湿的环境条件促使坐果率提高。

(7) 补养 可通过花期叶面喷肥方法，补充树体营养，满足新梢快速生长及开花坐果所需营养，可喷0.2%的硼砂、0.2%～0.3%的磷酸二氢钾、0.3%的尿素等。

7. 防病虫

防病虫为害是枣管理中的关键环节之一，虫果率居高不下，是影响枣生产效益的主要因素之一。为害枣的主要病虫有细菌性疮痂病、枣锈病、炭疽病、枣叶斑点病、缩果病、枣黏虫、红蜘蛛、枣尺蠖、枣龟蜡蚧、桃小食心虫、枣芽象甲、枣瘿蚊等，表现为种类多，为害持续时间长，防治难度较大，只有采取综合防治措施，才能将危害控制到最低程度，减少生产损失。在枣病虫防治时应大力推行无公害防治措施，具体应做到：冬季要细致清园，降低病虫越冬基数，为来年防治打好基础；认真刮树干粗皮，堵树洞，杀灭越冬害虫；春季适时筛虫茧、挂性诱剂，进行土壤处理，消灭出蛰幼虫；夏季要适时对症用药，搞好防治。防治枣壁虱可于发芽展叶后，相隔半月连续喷2次0.3～0.5波美度石硫合剂或2.5%高渗氯氰菊酯进行防治；防治枣尺蠖在4月下旬喷2.5%敌杀死5000倍液防治；防治枣黏虫于芽长3cm、5～8cm时分别喷一次25%灭幼脲悬浮剂2000倍液；防治桃小食心虫分别在卵果率达到1%时，喷500～1000倍B.t.杀虫剂，在成虫产卵初期、幼虫蛀果前喷6000～8000倍液20%杀铃脲悬浮剂；防治刺蛾类可在幼虫发生期喷1000倍B.t.杀虫剂或50%百虫单1000～1500倍液；防治枣龟蜡蚧

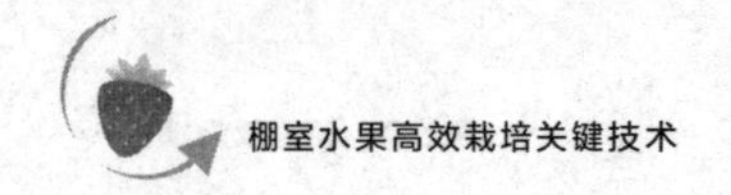

可在枣树休眠期喷10%的柴油乳剂或8～10倍的松脂合剂，在若虫孵化期喷1～2波美度石硫合剂；防治枣粉蚧在6月上旬喷1～2波美度石硫合剂；防治枣瘿蚊在5月上中旬和5月下旬喷50%百虫单1000～1500倍液，在花期和幼果期喷25%的杀虫双水剂800倍液；防治枣芽象甲在4～7月枣芽象甲成虫大发生时喷50%力富农1000倍液；在7月上中旬喷20%粉锈宁乳油2000～3000倍液或12.5%特谱唑1500～2000倍液防治枣锈病。

8. 适时搭建避雨棚

在果实白熟期采取措施搭建临时防雨棚，使树体避免淋雨，土壤湿度保持稳定，以减少裂果和采前生理落果。果实采收后随即撤掉防雨棚。

9. 适期采收

枣果用途不同，适宜的采收时间是不一样的。我国目前红枣主要用途有鲜食、干制和加工蜜枣、酒枣等，而枣果实的成熟大体分为白熟期、脆熟期和完熟期三个阶段。

作鲜食及加工酒枣、乌枣、南枣用的果实应在果皮开始转红、果肉内淀粉转化为糖、甜度增加、质地变脆、果汁增多、果肉呈绿白或乳白色的脆熟期采收，此期果实风味好，果肉脆硬，适合我国广大消费者的消费习惯。

作干制的红枣应在果实充分成熟、水分含量减少、含糖量增多、果皮逐渐收缩的完熟期采收，这时果实含养分多，含水分少，便于干制，制成的红枣出干率高，色泽浓，果形饱满，品质好。

制作蜜枣及远距离运输的果实要求皮薄、肉松、果汁少，含糖量低，可在果实白熟期采收。

由于红枣花期长，果实成熟期极不一致，枣果采收时尽可能地采用分期分批采收的方法，根据不同的用途，分3～4次采摘，以提高产量和质量。

采摘时最好采用人工采摘法，以减少破损及污染，特别是鲜食及加工蜜枣时，果实大多脆嫩，采摘不当极易造成碰压伤，导致霉烂，采收时应轻拿轻放，避免造成伤果，而且采果时应在早晚低温时进行，要避免带露和高温采收，采摘时要带柄采收，防止果柄脱落造成伤口，引发烂果和失水萎蔫，应杜绝长杆击枝和用手晃枝采摘法。

10. 贮藏

大面积栽植枣树，必须配套贮藏棚室，否则生产效益很难提高，枣果贮藏应重点抓好以下关键环节：

（1）贮前处理

① 采前喷钙，提高果实硬度，增强耐储性。应在采前 10～15 天喷 0.2%的氯化钙或氨基酸钙 1～2 次。

② 择优选果。坚持好果入贮。采果后要除去病虫果、有伤果和过熟果，选择好果贮藏。

③ 果实灭菌。果实选择好后，及时喷洒 50%多菌灵 600 倍液或 70%甲基托布津 1000 倍液，防病菌感染。

④ 快速入贮。枣果在采收后，要尽快入箱、入袋、入库贮藏，冷库和气调贮藏的，在贮前可用 2%氯化钙或大枣保鲜剂浸泡，以提高贮藏效果，最好在采果后 12h 内入箱。

（2）贮藏环境杀菌　贮藏环境在使用前要熏硫消毒或喷施漂白粉，杀灭环境中的病菌，提高贮藏效果。

（3）优化贮藏环境，延长贮藏时期　枣贮藏期库温以 0℃为宜，二氧化碳浓度应控制在 3%以下。

四、枣树栽培管理歌

枣树耐薄又抗旱　栽后见果在当年　要想枣树多卖钱
管理技术要求严　提高标准把园建　建园园址应挑选
土层深厚是关键　密植适应枣特点　有利提高早期产
选择酸枣作基砧　栽前土壤要耕翻　挖坑先把秸秆填
有机肥料与土掺　填坑不要过于满　适时适量把水灌
沉实土壤到下边　栽时用水把根蘸　生根粉里泡一遍
栽后成活成必然　苗木栽后应定干　80 厘米处下剪
二次枝梢要剪完　塑料袋子套苗干　苗木水分损失减
待到萌芽把叶展　摘除袋子丢一边　萌芽多了养分散
抹芽进行两三遍　顶部留芽五寸半　集中养分保关键
新梢生长天天变　肥水管理莫拖延　只要通风吃饱饭
新梢生长定壮健　前期尿素后二铵　肥料追在雨前边
挖坑放射及成环　多种方法可选参　头次追肥萌芽前
以氮为主记心间　适当配合施二铵　减少落花果满冠
二次追肥八月天　氮磷钾肥要配全　促果膨大又增颜

有机基肥养分全　　采果之后施田间　　如果雨少天干旱
应该及时把水灌　　萌芽墒好枝条蹿　　花期墒好果成串
膨果墒好增产显　　着色开始把水减　　防止裂果现田间
增加糖度果实甜　　旱地浇水没条件　　修建水窖把水拦
薄膜杂草盖树盘　　田间水分蒸发减　　树形根据密度选
树形适宜利丰产　　纺锤树形有优点　　通风透光利早产
双枝开心也可选　　密植栽植应首选　　修剪方法应求简
枝条摆布很关键　　过密内膛光难见　　果实结在冠外边
主枝应该单轴延　　要留枝组看空间　　结果之后把枝换
保持果枝生长健　　枣树落花很常见　　要求对症加强管
花前追肥喷硼酸　　防止缺养果落完　　如果花期空气干
园内喷水应相连　　喷糖诱蜂进枣园　　提高授粉促增产
花期树皮切个环　　下运养分一定减　　提高坐果作用显
这是多年老经验　　枣园病虫较常见　　危害品质致减产
防治措施应超前　　综合防治记心间　　多种方法要用全
少用农药防污染　　石硫合剂喷芽前　　降低基数保全年
发芽开花这期间　　多种害虫都出现　　敌杀死液喷一遍
田间害虫踪难见　　食心虫危害果里边　　防治应在蛀果前
用药应在5月天　　辛硫磷胶囊撒树盘　　喷布甲托防锈斑
喷药应该喷全园　　农业措施防漫灌　　田间喷水防干旱
时间相隔三四天　　空气湿润地面干　　病虫危害自然减
5月摘心促枝健　　6月摘心防养散　　7月小果早疏完
长出大果多卖钱　　物理涂抹粘虫环　　胶带绑住枝下边
粘虫胶液涂2遍　　防止盲蝽上树干　　红蜘蛛危害也可减
黑光灯高高挂树干　　诱集蛾类落盆间　　生物方法用普遍
白僵菌剂撒树盘　　杀死孵化桃小卵　　天敌保护和助迁
性诱剂挂在枝梢间　　害虫交配要扰干

五、枣树周年管理三字经

正月正　　是新年　　挂红灯　　贴春联

吃饺子　看春晚　守岁夜　谋生产
枣管理　心中盘　定计划　应周全
备农资　细划算　学技术　在农闲
访亲朋　取经验　看典型　去枣园
查信息　网络连　卖枣果　走遍天
树粗皮　细刮铲　减病菌　除虫卵

二月天　冰消完　刨树盘　土壤翻
远处深　近处浅　扩根系　最保险
翻深度　一铁锨　老根断　新根换
根总量　增不减　土壤虚　把水拦
深翻后　土打绵　增透气　促根延
土熟化　性改善　用杂草　盖树盘
水蒸发　自然减　保墒情　促丰产

三月里　根伸展　施追肥　萌芽前
巧施肥　靠经验　树冠外　沟挖宽
氮素肥　与土掺　混匀后　把沟填
要深施　沟埋严　补营养　树强健
枣瘿蚊　把卵产　害叶片　成纵卷
食芽甲　吃叶片　芽吃光　致减产
枣尺蠖　很危险　严重时　叶吃完
辛硫磷　喷树盘　用塑料　绑树干
天王星　喷一遍　害虫量　一定减

四月份　阳光艳　温度高　土壤干
水分少　根受限　萌芽迟　花少见
施追肥　开花前　主肥料　仍用氮
配磷钾　要兑掺　有条件　把水灌
防焦花　果成串　促树体　生长健
枣特点　萌芽晚　枝疏散　小叶片

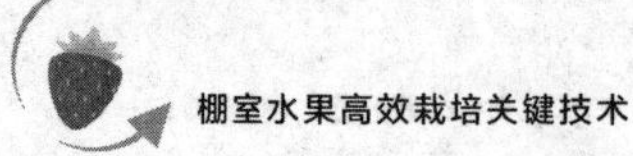

搞间作　多卖钱　间作物　选矮秆
多害虫　现田间　把卵产　害叶片
敌杀死　喷树干　既杀虫　又杀卵

五月里　开花前　种不好　要早换
选酸枣　做基砧　既耐寒　又耐旱
品种多　细挑选　品质好　利丰产
插皮接　最保险　落花重　主特点
要保花　方法选　行开甲　作用显
弱树窄　壮树宽　老树皮　刮一圈
聚养分　地上边　结出果　一串串
空气干　把水灌　喷激素　把糖掺
诱蜜蜂　把粉传　辛硫磷　喷全园

六月天　枣花艳　早追肥　不要慢
用肥料　施二铵　硫酸钾　掺里边
田间草　要除完　有绿肥　早还田
埋进土　利腐烂　降水少　天干旱
用杂草　盖树盘　枣甲蚧　害主干
黑霉菌　全布满　枝枯死　呈绝产
要防治　抓重点　蜡蚧灵　就可管
红蜘蛛　害叶片　灭扫利　喷两遍
效果好　作用显　药剂到　危害减

七月份　进伏天　防落果　最关键
早补养　多施氮　磷和钾　也要掺
气温高　果萎蔫　有水源　把水灌
喷滴灌　有优点　有条件　可试验
害虫螨　飞田间　枣黏虫　还可见
树虱子　吸树干　有桃小　把卵产
黄刺蛾　为重点　要防治　把药选

辛硫磷　　管得宽　　早日喷　　控得严
保叶片　　少缺陷　　勤中耕　　把草铲

八月初　　果色变　　硫酸钾　　磷二铵
相配合　　施田间　　促肥水　　要少灌
肥水足　　促丰产　　果个大　　好卖钱
多积糖　　果实甜　　降水多　　墒饱满
裂果实　　易出现　　多中耕　　土松散
防裂果　　很灵验　　果成熟　　月中间
用手摘　　防伤烂　　多数虫　　始作茧
绑草环　　在树干　　早防治　　危害减

九月天　　果采完　　要贮藏　　应保鲜
多加工　　少腐烂　　松土壤　　用锨翻
施基肥　　应提前　　有机肥　　养分全
磷氮肥　　也兑掺　　肥量多　　撒全园
肥料少　　方法选　　放射状　　条沟环
法不同　　有特点　　据树龄　　多变换
桃小虫　　把卵产　　摘草环　　用火点
波尔多　　喷不断　　防锈病　　保叶片
叶面喷　　磷和氮　　积养分　　保树健

十月里　　叶落完　　翻土壤　　搞清园
清杂草　　扫叶片　　剪枯枝　　涂树干
清得细　　菌虫减　　打基础　　为明年
灌冬水　　封冻前　　以增强　　枣抗寒
十月后　　搞冬剪　　枣喜光　　是特点
对树形　　要斟选　　应具备　　少骨干
层次明　　光透冠　　幼树期　　早定干
多刻芽　　促枝现　　枝短截　　扩树冠
盛果期　　促早产　　开光路　　枝调减

防落果	移外边	结果枝	多调换
抬枝角	下垂剪	抽新枝	利高产

第三节　大樱桃避雨栽培技术

一、大樱桃避雨栽培新模式

1. 四线拉帘式简易避雨棚

主要材料包括钢管、钢绞线、防雨绸、钢丝等；以钢管作防雨棚骨架，钢绞线作棚架之间连接衬托，防雨绸作覆盖物，以钢丝作为托线和压线。每两行树搭建一个防雨棚，在行间每隔15m左右设一根中间立柱，地下埋50～60cm，棚的高度依树高而定，一般棚顶离树体要有0.8～1m的空间，中间立柱两边隔4m左右各立1根立柱，高度较中间立柱低1～1.2m，形成一定坡度，防止雨天积水，3根立柱用钢管进行焊接、加固；用钢绞线作骨架的连接，中间立柱拉2根钢绞线，相隔20cm，两边立柱各拉1根钢绞线，在中间立柱和两边立柱之间的连接钢管上，每隔30cm左右按照一上一下的顺序焊接螺帽，然后通过螺帽拉钢丝作为托绳和压绳，拉绳和托绳上下间隔排列，防雨绸在拉绳和托绳之间，防雨绸两边有挂扣，直接挂在钢绞线上，可以自由拉动。

晴天时可以将防雨绸收紧，绑在立柱上，雨天将防雨绸拉开即可。适用于面积较小的果园。

2. 聚乙烯篷布避雨棚

主要材料包括钢管、钢绞线、钢丝和聚乙烯篷布；以钢管作为避雨棚骨架，钢绞线作棚架之间连接衬托，聚乙烯篷布（透光率约为80%）作覆盖物。

每行树建一个避雨棚，在行向每隔8m左右设一根立柱，地下埋50cm左右，棚高依照树高而定，一般棚顶离树体要有0.8m左右的空间；用钢绞线作立柱的连接，立柱上拉1根钢绞线，行向两端的立柱用斜顶杆加固，再用地锚拉紧、固定。

垂直行向的方向上，在距立柱顶端1m左右拉横向钢丝进行加固，四周距立柱顶端1m左右用钢绞线连接，整个防雨棚成为一个整体，四周的立柱用斜顶杆支撑，地锚加固。行向立柱两边隔1.6m左右（栽植行距为4m）在钢绞线上分别拉一根钢丝，高度较中间立柱低1.0m左右，钢丝两端固定在立柱的地锚上；然后覆盖聚乙烯篷布，聚乙烯篷布中间及两边均有挂扣，直接挂在钢绞线和钢丝上，形成一个坡度，防止雨天积水。整个果实生长季将聚乙烯篷布拉开覆盖，两端固定好，到果实采收后，将篷布收起存放，篷布可用3～4年。

3. 连栋塑料固定式避雨棚

主要材料包括水泥柱、竹竿、钢绞线和塑料薄膜；以水泥柱作为避雨棚骨架，竹竿作棚架之间连接衬托，塑料薄膜作覆盖物。一般每两行树建一个拱，在行向每隔4m设一根中间立柱，地下埋50～60cm，棚的高度根据树高确定，一般棚顶离树体要有1m左右的空间，中间立柱两边隔4m左右各立一根立柱，高度较中间立柱低0.8～1m，形成一个坡度；然后用竹竿连接，每隔1m左右一根竹竿，上面覆盖塑料薄膜固定，每隔15～20m，留一个20cm左右见方的通风口，作为减压阀减轻风压。

一般在花期前覆盖塑料薄膜，到果实成熟后揭开，可以起到防霜冻、防裂果的作用。

二、大樱桃避雨栽培要点

1. 注意选择适宜的园址建园

樱桃春季开花早，花期易发生冻害，绝大部分樱桃在黏性土壤上生长不良，易衰老，甚至死亡。樱桃根系分布浅，不抗风，易受风害倒伏，在地下水位高的地方幼树易徒长，进入结果期迟。因而应选择背风向阳避风的沙壤土地栽植樱桃，应避免在低洼、风口、黏土地建园。

2. 注意选择适宜的栽植品种

由于不同樱桃种类起源地不同，其适应范围不一样，在栽培时应选择与环境相适应的品种，一般中国樱桃由于起源于长江流域，适宜在温暖潮湿的环境中栽培，而甜樱桃起源于亚洲西部及欧洲，适宜凉爽而干燥的气候，在我国北方栽培适应性好。毛樱桃由于抗寒性强，南北各地均可栽培。即使同一类型的樱桃，各品种的抗寒性也是不一样的，一般甜樱桃的杂交种较耐寒，其次软肉品种抗寒性较强，而硬肉品种抗寒性较差。因而在生产中应根据栽培环境条件选择与环境相适应的栽培种为樱桃丰产、稳产打好基础。

3. 配备好授粉品种

樱桃自花不孕，在生产中必须配备授粉品种，以提高坐果率，促进产量提高，在配备授粉品种时应注意，主栽品种与授粉品种花期要相遇，而且花粉应高度亲和，间距以10m左右为宜，生产中那翁、滨库可用黄玉、大紫、草紫作授粉品种。

4. 在栽培初期要做好防倒伏工作

由于樱桃根系浅，易受风害，因而防倒伏是栽培初期的一项重要工作，具体可采用在栽植当年设支柱或培土的方法，以保证植株健壮生长，生长季节对土壤应进行深翻，创造疏松的土壤条件，促进根系扩展，增加根系的固地性，防止倒伏现象的发生。

5. 要保护好根系

樱桃树根粗，伤根后恢复慢，而且易感染根癌病，影响植株生长和发育，严重时会导致植株死亡，因而在田间作业时，应注意保护好根系，特别是在土壤深翻时应注意减少伤根。

6. 要经常中耕，保持土壤疏松

樱桃根系生长需要充足的土壤空气，因而在生产中应经常中耕，保持土壤疏松，以促进根系生长，扩大根群，增强根系的吸收功能。由于樱桃根系分布浅，因而在中耕时宜浅不宜深。

7. 要注意适期追肥浇水，促进高产稳产

樱桃萌芽后，新梢有一短暂的生长时期，接着开花，开花期间新梢停止生长，花谢后转入迅速生长期。从开花到果实成熟仅40～50天时间，生长时间短，生长量大，既长新梢，又开花结果，需肥水集中。花芽分化在采果后40～50天内完成。而营养状况直接决定花芽分化的好坏，因而应加强肥水供给。基肥在9月中下旬至10月份施入，以利冬前吸收，保证树体安全越冬，按树龄大小，株施充分腐熟农家肥30～50kg，尿素0.2～0.5kg，过磷酸钙0.5～1.5kg。在施足基肥的基础上，应重点施好发芽前、开花后、果实发育期的追肥。追肥应以氮磷钾三元复合肥为主，按亩产2000kg计，每次每亩施15～20kg。在采果后为了促进树势的恢复和花芽分化的完善，应及时追施一次肥料进行补养，本次应以速效性化学肥料与有机肥相结合，据树大小可每株施磷酸二铵1～3kg，油渣1～2kg，也可株施充分腐熟的有机肥 50kg 左右。

水分管理上，在浇好越冬水的基础上，花前少浇水，以防降低土温，影响根系生长。开花结果后，如果干旱应及时浇水。采前果实转色时，要限制水分供给，搭建防雨棚，防止裂果。采果后，如不太干旱，可不浇水，以保证花芽分化的顺利进行。浇水时注意浇水量不宜过大，应少量多次进行。

8. 在雨季应注意及时排水

樱桃树体既不耐旱、也不耐涝，在积水的情况下根系会因缺氧而死亡，轻者会导致大量落果，重者树体死亡，因而在雨后应注意排涝，以防积水，保证植株健壮生长。

9. 清除根蘖，集中营养供给，促进植株健壮生长

樱桃根蘖发生能力比较强，如不加控制，一方面会扰乱树形，另一方面会分散营养、削弱树体长势、导致树体早衰，不利提高产量，因而在生产中应及时清除根蘖。

10. 加强树体管理，合理修剪，配备强壮枝组，提高结实能力

（1）树形培养　大樱桃采用改良中心干形有利丰产稳产。这种树形一般要求干高 70～80cm，树高 3～4m。在中心干上每隔 15～18cm 错落有致地分布 12～15 个枝组。该树形可通过夏季摘心及冬季短截的方法培养，夏季在延长头长达 50cm 左右时掐去前端 10cm 左右的幼嫩部分，冬季短截时，留长 40～50cm，以保持枝轴紧凑，防止光秃现象。

（2）生长季修剪　主要以缓和枝势、促进花芽形成为目的，采用的主要措施有：

① 拉枝。在萌芽期或 8～9 月份对强旺枝拉枝，可缓和枝的长势，促进花芽形成，拉枝角度以 80°为宜。

② 促生短枝。对于树体中的强旺枝，可通过刻芽、环切、秋季摘心等措施及时转化为短果枝，以增加有效结果部位，促进产量提高。

（3）休眠期修剪　主要侧重于通风透光性的调整及枝组更新，树龄不同，修剪的方法不同，需按树龄不同采用相应方法进行修剪。

在幼树期，对主枝延长头进行适度短截，促进发枝，扩大树冠；对中下部的中庸枝长放，促进成花结果；疏除过密的交叉枝、直立枝、重叠枝及病虫枝，保证树体有良好的通透性，以保证内膛枝的健壮生长。

在进入盛果期后，由于枝条上顶芽为叶芽，而腋芽多为花芽，短截后一般不抽枝，因而修剪主要以回缩更新为主。由于樱桃结果枝顶芽年生长量极少，呈单轴延伸，腋芽为花芽，芽在树冠内所占空间小，分布密度大，开花坐果率高，寿命长，因而产量较高而稳定。枝条回缩应回缩到着生短枝、生长衰弱的2～3年生枝处，以刺激营养生长与新果枝的形成，要加强内膛衰老枝的更新，防止结果部位外移，出现结果表面化现象。

对于一年生枝应视长势强弱决定修剪方法：对于细弱枝可疏除，以改善光照条件；中庸枝长放；直立旺枝短截，刺激产生新的结果枝，补充疏除的枝量，以保持产量的稳定；对于既有顶叶芽又有腋花芽的混合枝，一般花前留3～4个叶芽短截，促使上部抽枝，下部结果。

由于樱桃伤口在休眠期不易愈合，因而大枝更新应在生长季进行，以利伤口愈合，防止产生流胶病引发树势衰弱。

11. 注意提高坐果率

生产中应用的措施主要有：

（1）花期防冻　樱桃开花较早，花期易受冻害，可通过花期园内浇水、熏烟等方法防止冻害的发生。

（2）花期摘心　限制枝梢的营养生长，防止枝梢快速生长而消耗过多营养，导致营养不良，坐果率低下。

（3）花期补养　花期喷0.3%尿素+0.5%磷酸二氢钾、0.2%硼砂补充营养，可显著提高坐果率。

（4）喷生长调节剂　花期喷0.05%的赤霉素，有利于提高坐果率。

12. 加强病虫害防治

樱桃生产中易发生的病虫害主要有花腐病、褐腐病、丛枝病、穿孔病、疮痂病、干枯病、根癌病、蚜虫类、介壳虫类、红颈天牛、大青叶蝉、象鼻虫、潜叶蛾、桃斑蛾等。在防治时应本着预防为主的原则，重点抓好休眠期清园工作，彻底清除杂草、落叶、枯枝、僵果，刮除老翘皮，减少病虫越冬基数，以控制病虫的发生。其次应重点抓好休眠期石硫合剂的喷用，以杀死越冬的病菌虫体，提高防治效果。可在落叶后到发芽前喷1～2次5波美度石硫合剂。在此基础上应注意适期对症用药。

① 防治褐腐病落花后至采收前一个月喷施0.3～0.4波美度石硫合剂或70%多硫化钡100倍液。

② 防治花腐病花期喷1000倍液10%多抗霉素、800～1000倍液70%安

泰生粉剂或600倍液80%大生M-45防治。

③ 防治疮痂病落花后半个月至6月份每半个月喷一次600～800倍液65%代森锰锌。

④ 防治细菌性穿孔病坐果后喷70%甲基托布津可湿性粉剂1000倍液。

⑤ 防治干枯病在发现病斑后及时刮除，并涂刷石硫合剂原液进行控制。

⑥ 防治丛枝病：发生严重的地方可从萌芽期开始，每隔7～10天喷一次500倍液70%可湿性代森锰锌粉剂，发现病部有白粉状物时，要及时用药，一般应连续用药4～5次。

⑦ 防治根癌病应把好栽植关，田间作业时尽量减少创伤，以防止根癌病的扩散。

⑧ 防治蚜虫：春季开花前，蚜卵已全部孵化，但在未大量繁殖和卷叶前喷48%毒死蜱1500倍液或10%吡虫啉3000倍液，花后据虫情再喷一次药，可控制越冬基数。

⑨ 防治介壳虫：萌芽至花蕾露红以前，越冬幼虫自蜡壳中爬出转移时，可喷95%矿物油乳剂300倍液或3～5波美度石硫合剂防治。5月中下旬若虫、卵孵化盛期喷4000倍10%百树得或20%灭扫利乳油2000倍液防治。

⑩ 防治红颈天牛：4～5月份幼虫为害盛期，发现虫孔，在虫孔中塞入沾有50%敌敌畏的棉球毒杀幼虫。6～7月份成虫发生前，用10份生石灰、1份硫黄、40份水兑成涂白剂，涂刷树干，防止成虫产卵，发现虫粪，用刀挖出皮下的幼虫杀死。

⑪ 防治大青叶蝉：10月份，成虫未产卵时，树上涂白，阻止成虫产卵，开始产卵时用50%辛硫磷乳油1000倍液或48%毒死蜱1500倍液喷杀。

⑫ 潜叶蛾、桃斑蛾发生时可用20%杀铃脲悬浮剂7000～8000倍液喷防。

三、大樱桃避雨栽培歌

樱桃果实成熟早　　市场销售价格高
生产效益就是好　　丰产需要细照料
改良土壤深挖刨　　根系伸展年年超
根系分布范围小　　吸收功能本不高
施肥多次量要少　　基肥可施人粪尿

八月施肥莫要早　　施早容易长秋梢
追肥主施氮肥料　　花期果期要施到
行间也可种上草　　及时刈割莫长高
樱桃树体不耐涝　　果园旱时小水浇
雨季积水早排了　　防止烂根树死掉
花期冻害频率高　　每年花期应料到
及早防治损失少　　熏烟可把湿草烧
花期摘心限长条　　减少消耗营养料
还可喷施生长剂　　管理到位坐果高
坐果适量莫要超　　坐果多少看枝条
壮枝果实结得好　　四至五果不为高
弱枝本身缺养料　　两至三果吃不饱
枝条阳光难照到　　内膛枝条早枯掉
遮光枝条早剪了　　控制枝量不要高
树体内外光照到　　芽子量足又肥饱
有利果实着色早　　果实品质自提高
通过修剪树势调　　培养树形干莫高
中干优势起领导　　其上主枝错落造
防止出现卡脖腰　　主枝应该拉下掉
结果之后再抬高　　这样有利结果早
衰老枝条早去掉　　直立枝条遮光照
疏除之后少乱绕　　枝条整齐树形好
樱桃冻害发生高　　关键在于缺养料
适时追肥很重要　　采后控水防长梢
秋季应把涂白搞　　防止树体出日灼
冬季根颈土培高　　枝杈积雪早清扫
樱桃容易出枯梢　　缺养冻害和水涝
引起枯梢主三条　　预防应该细参考
低洼建园易水涝　　根系生长制约了
根系浸水死亡早　　引发植株早枯梢
樱桃园址要选好　　不利之处要避绕

冻害发生抓输导　　树体养分大消耗
如果补充得不到　　就会加速树衰老
樱桃病虫本不少　　影响树体制养料
预防治疗同重要　　抓住关键防效好
休眠重把清园搞　　清除落叶和杂草
枯枝僵果要捡了　　翘皮刮除应及早
石硫合剂早喷到　　病虫越冬自减少
病虫危害控制了　　樱桃产量就提高
多雨栽培损失高　　裂果烂果遇得到
生产之中把心操　　搭棚栽培最有效

第四节　油桃避雨栽培

一、油桃避雨栽培的方式

油桃在北方避雨栽培主要采用果实成熟前一个月搭棚覆盖塑料膜的方法，这样既可达到减少裂果的目的，又可减少塑料的风化，延长棚膜的应用年限。

二、油桃避雨栽培技术要点

1. 园址选择

油桃为时令性水果，不耐贮，且对栽培环境要求严格，因而油桃园一般应选择地势高燥、环境温度高、光照强、气流畅通、温差大、土质疏松、排水良好的沙壤土之处栽培，油桃对土壤的酸碱度要求严格，在pH值为4～6时生长正常，碱性土壤中易发生叶片黄化现象。

2. 建园

油桃建园时可实行砧木建园或芽苗建园，砧木建园时可用毛桃或山毛桃作砧，用带木质嵌芽接，于6月上旬嫁接，接后除萌，加强管理，7月中旬剪砧。芽苗建园时，在定植成活后，于春季发芽前剪砧。油桃为喜光树种，栽植密度不宜太大，一般以3m×4m的株行距栽植较适宜。定植时挖长、宽、深80cm左右的穴，表土回填，每穴施充分腐熟农家肥20kg左右，尿素0.1kg，过磷酸钙0.25kg，苗木栽植后应及时浇水。

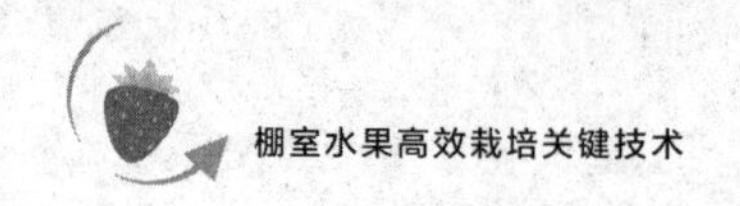

3. 土肥水管理

(1) 土壤管理　油桃根系分布浅，好气性强，应经常中耕，特别是雨后中耕，保持土壤疏松。

(2) 肥料管理　油桃年生长量大，需肥较多，在施肥时应把握以下原则：

① 要注意氮磷钾肥的合理搭配施用，防止偏肥现象。应将肥料中氮磷钾三者的比例控制在10∶25∶13，氮肥以在春季施用为主，生长中期、果实膨大期施肥应以速效性复合肥为主，磷钾肥为迟效性肥料，施入土壤中要经过缓慢的分解转化才能被树体吸收利用，因而应在秋季一次性施入。具体施肥量按每生产1000kg果，追施纯氮5kg、五氧化二磷3.5kg，氧化钾5～6kg的标准施用。

② 每年9～10月份每株施腐熟农家肥25kg左右，有条件的可在发芽前、果实膨大期再株施2.5kg精肥（鸡粪、大粪干、饼肥等）。

(3) 水分管理　油桃不耐涝，尽量少浇水，在特别干旱的情况下，可于发芽前、果实硬核期前轻浇一次水，要严防大水漫灌及灌后积水。在采前一个月避雨棚上塑料膜，减少果实与雨水的接触，减轻裂果和落果。

4. 树体管理

(1) 控制旺长　油桃在肥水条件较好的情况下，幼树极易徒长，可施用多效唑进行控制。多效唑可土施，也可叶喷。土施时，每株挖环状沟施5g含量15%的多效唑，叶喷时可用500mg/L含量15%的多效唑喷施。

(2) 整形修剪　油桃应以通透性良好的倒人字形树形为主，幼树期修剪应以缓放为主，少短截，疏放结合，促进结果，结果后修剪中应克服短截过多现象。

(3) 花果管理　油桃自然坐果率高，应及时疏花疏果，壮枝留4～6果，保2～3果，中枝留2～4果，保1～2果，短果枝及花束状果枝留双花，保单果。油桃果实光洁无毛，易受病虫危害，果面易被污染，可实行果实套袋，以提高商品性。在果实开始着色时，剪除遮光枝，摘除遮光叶片也有利于促进果实着色。

5. 病虫害防治

油桃的病虫害较多，其中危害严重的有褐腐病、缩叶病、疮痂病、细菌性穿孔病、炭疽病、桃蛀螟、蚜虫类、介壳虫类、桃小食心虫、叶蝉等，应加强防治。虫害应在成虫较集中期及幼虫抗药性较弱的时期喷药防治、药剂以10%吡虫啉3000倍液或48%毒死蜱1500倍液为主。以喷洒石硫合剂、广谱性杀菌剂代森锰锌、甲基硫菌灵为主控制病害，确保丰产丰收。

6. 适期采收

油桃果实上色早，因而生产中要避免采收过早或过迟。采收过早，果个小，风味淡；采收过晚，果实过熟，不耐贮运。因而应在底色开始变色、果实富有弹性、芳香味变浓时采收。采收时应注意分期分批采收，以提高果品质量。

三、油桃生产管理歌

1. 建园

油桃栽培本不难　　环境要求也不严
城镇工矿交通便　　地势高来空气干
土层深厚有水源　　既能排水又能灌
栽培油桃好条件　　有利销售是关键
黏土之上莫建园　　防止裂果锈蔓延

2. 选用良种配套栽植

油桃自花结实强　　配置授粉更理想
单个品种供不上　　早中晚熟齐栽上
华光曙光早美光　　艳光瑞光与秦光
早果丰产性能强　　阿姆肯的适应强
五月炎的味道香　　栽前选种细掂量

3. 合理密植

油桃特性本喜光　　加之树体生长旺
栽植稀稠不一样　　栽稀有利全采光
芽子饱满树体壮　　生长结果寿命长
芽苗建园最理想　　容易成形快生长
提前结果效益高　　芽苗应该早栽上

4. 修剪

油桃树体生长旺　　应该轻剪行长放
夏季修剪要跟上　　摘心抹芽不能忘
疏除方法也用上　　过密旺枝是对象
冬季修剪主调光　　多疏少截最理想

5. 采收

油桃一般着色早　　采收适时味道好
如果底色变白了　　表明果实已熟到
近销果实要熟好　　远销果实应采早
为了促进效益高　　采收时间把握好

参考文献

[1] 甘肃省农科院果树研究所．甘肃主要果树栽培．甘肃：甘肃科学出版社，1990.

[2] 赵进春．21世纪果树优良新品种．北京：中国林业出版社，2010.

[3] 陈杏禹．高品质蔬菜反季节生产技术．北京：化学工业出版社，2010.